GERALD AHABWE

Alcançar o saneamento básico para todos os moradores de favelas

GERALD AHABWE

Alcançar o saneamento básico para todos os moradores de favelas

O papel da Educação Comunitária em melhorias sustentáveis

ScienciaScripts

Imprint

Any brand names and product names mentioned in this book are subject to trademark, brand or patent protection and are trademarks or registered trademarks of their respective holders. The use of brand names, product names, common names, trade names, product descriptions etc. even without a particular marking in this work is in no way to be construed to mean that such names may be regarded as unrestricted in respect of trademark and brand protection legislation and could thus be used by anyone.

Cover image: www.ingimage.com

Este livro é uma tradução do original publicado sob ISBN 978-3-8383-5792-8.

Publisher:
Sciencia Scripts
is a trademark of
Dodo Books Indian Ocean Ltd., member of the OmniScriptum S.R.L Publishing group
str. A.Russo 15, of. 61, Chisinau-2068, Republic of Moldova Europe
Printed at: see last page
ISBN: 978-620-3-32670-3

Tabela de Conteúdos

aumentado para 2,600 milhões de pessoas.[1] Os autores afirmam ainda que, para atingirmos o objectivo de saneamento adequado para todos até ao final do ano 2025, é necessário servir mais 4,400 milhões de pessoas neste quarto de século.[2] O cumprimento da meta de saneamento do Objectivo de Desenvolvimento do Milénio exige que mais um bilião de habitantes urbanos e quase 900 milhões de pessoas em comunidades remotas, muitas vezes rurais, possam utilizar serviços de saneamento melhorados. Realizar isto até 2015, não será uma tarefa fácil. [3]

Os problemas de saúde associados aos défices de água e saneamento minam a produtividade e o crescimento económico, reforçando as profundas desigualdades que caracterizam os actuais padrões de globalização e aprisionando as famílias vulneráveis em ciclos de pobreza. Mas isto não é para pintar um quadro de desespero. Em todo o mundo, as pessoas que vivem em bairros de lata e aldeias rurais estão a fornecer liderança pelo exemplo, mobilizando recursos e exibindo energia e inovações na resolução dos seus problemas. [4]

Diferentes abordagens de saneamento tecnicamente apropriadas, especialmente nas zonas periurbanas de alta densidade, estão continuamente a ser adoptadas para melhorar a situação sanitária. No entanto, a sua adequação institucional continua a ser um desafio para a aceitabilidade e sustentabilidade nas comunidades pretendidas. A educação comunitária é um meio eficaz de aumentar os alvos no saneamento, uma vez que promove a participação da comunidade com os efeitos resultantes da aceitabilidade, propriedade, e operação e manutenção sustentáveis das instalações sanitárias.

Cairncross, argumenta que os programas de saneamento têm sido tradicionalmente orientados para a oferta, carecendo de consulta aos utilizadores sobre quais são as suas necessidades. A maioria dos projectos concede subsídios totais à construção, o que levou a que os serviços de saneamento não fossem exigidos, utilizados e sustentados como pretendido. Muitas vezes, o que é fornecido é o que as pessoas não querem ou não podem pagar e/ou uma combinação de ambos. A capacidade de operação e manutenção das instalações instaladas é outro grande problema

---

[1] Mara et al.2007 : p:306
[2] Ibid
[3] UNICEF e OMS,2004:p.6
[4] Relatório de Desenvolvimento Humano, 2006: p v-vi

associado com a abordagem tradicional. Os utilizadores locais, tendo sido excluídos do processo de planeamento, não têm qualquer interesse em cuidar dos sistemas. Assim, projectos bem intencionados caem em desespero e desuso, apenas pouco tempo após a sua conclusão. Por conseguinte, nenhuma política de saneamento será efectivamente implementada sem o pleno envolvimento e participação das partes interessadas a todos os níveis. A principal lição é que o progresso e o sucesso contínuo dependem da procura por parte dos consumidores. Quando existe procura suficiente, as instalações e os serviços oferecidos devem ser adaptados a essa procura; quando a procura não é forte, deve ser estimulada.[5] Este livro é sobre como estimular a procura através da sensibilização da comunidade para serviços de saneamento melhores e sustentáveis.

Este livro analisa, portanto, o impacto da condução da educação comunitária durante o ciclo de vida do projecto. O objectivo da realização desta educação comunitária é muitas vezes o de aproveitar a aceitabilidade da população local e mudar os seus comportamentos, aumentando assim a sua consciência, propriedade e, em última análise, a sustentabilidade desse projecto de saneamento. Assim, a Comissão analisa a importância da educação comunitária, e o seu impacto no funcionamento e manutenção sustentáveis das instalações instaladas.

O âmbito deste trabalho é analisar a ligação entre a frequência na educação comunitária e a não frequência. A sustentabilidade das instalações sanitárias para estes dois grupos distintos é então comparada. Além disso, os dois programas distintos de educação comunitária utilizados nos projectos em consideração são comparados para estabelecer o seu nível de eficácia. Um programa é a educação comunitária pelo pessoal do projecto no Programa de Saneamento Urbano de Kampala (KUSP) e o outro é a educação comunitária pelo Comité de Desenvolvimento Paroquial (PDC) [6]no projecto da National Water and Sewerage Corporation (NWSC). O objectivo é comparar a forma como estas estratégias de educação comunitária durante o ciclo de vida dos projectos de saneamento são traduzidas em ferramentas para assegurar a aceitabilidade do projecto, mudança de comportamento e

---

[5] Cairncross, 1992: p.5

[6] Um PDC é um comité de direcção de cinco indivíduos responsáveis pelo planeamento do desenvolvimento a nível da comunidade. Normalmente, este comité é composto por influentes pessoas locais de alto nível. Os membros são idealmente supostos ser não partidários. Entre os cinco membros encontra-se um assento para os assuntos das mulheres e para os jovens.

participação que, em última análise, trazem sustentabilidade às instalações instaladas.

Bracken, et al., argumentam que exige que o saneamento sustentável seja explicitamente reconhecido como multifacetado, o que deve incluir o aspecto social, o lado económico e logístico e a ideia de gestão de recursos. Os autores dividiram os critérios de saneamento sustentável em cinco categorias; saúde, ambiente, economia, sociocultura e função técnica. Destes, por exemplo, a saúde analisa a segurança com que a instalação dispõe de matéria fecal. O ambiente analisa os materiais de construção, incluindo o espaço necessário para a casa de banho. Também se debruça sobre outras questões críticas, como o odor. A economia considera a O&M das casas de banho. Os indicadores socioculturais incluem: conveniência, vontade de pagar, adequação e percepção do sistema. A função técnica considera a robustez, durabilidade e capacidade de utilização do sistema por parte das competências locais. [7]

Para analisar criticamente o impacto da educação comunitária na sustentabilidade dos projectos de saneamento, este livro está a comparar duas categorias de beneficiários de projectos. Na primeira categoria, os beneficiários receberam ou participaram em alguns programas de sensibilização da comunidade, tais como seminários comunitários; esta mesma categoria envolve também os beneficiários que receberam predominantemente a sensibilização do Comité de Desenvolvimento Paroquial (PDC) para os projectos. Analisa a eficácia do PDC para provocar uma mudança de comportamento da comunidade no sentido da sensibilização, aceitabilidade e participação do projecto de saneamento, o que leva à sustentabilidade das instalações instaladas. O CDC não faz parte da equipa do projecto, mas pode ceder influência a nível comunitário, uma vez que é composto por líderes de opinião da comunidade. A segunda categoria envolve beneficiários do projecto que não receberam nem participaram em qualquer tipo de educação comunitária. Esta última categoria é o grupo de controlo deste estudo destinado a estabelecer claramente o impacto da educação da comunidade.

1.1 Declaração de problema

Uma das pedras angulares da salvaguarda da saúde pública, bem como da garantia do bem-estar dos habitantes de bairros de lata, é o fornecimento de saneamento

---

[7] Bracken, *et al.*, 2006: p.1

básico e o abastecimento de água segura.

No entanto, vários projectos anteriores de saneamento que foram implementados nos bairros de lata do Uganda ficaram até agora aquém da sustentabilidade, o que pode ser parcialmente explicado pela baixa cobertura que ainda está muito abaixo dos objectivos nacionais, apesar de todos os vários esforços. Em 2004, o Governo do Uganda (GoU) juntamente com a Agência Francesa de Desenvolvimento (AFD) encomendou um programa conjunto bastante ambicioso de dois anos para ajudar a Câmara Municipal de Kampala (KCC) a melhorar o problema de saneamento nas áreas de baixo rendimento e alta densidade de Kampala. O programa, denominado Programa de Saneamento Urbano de Kampala (KUSP) envolveu o abastecimento de água potável e a construção de instalações sanitárias nos assentamentos informais de Kampala. O KCC foi a agência de implementação. A paróquia Kisenyi II, como uma das favelas adjacentes ao distrito comercial central da cidade de Kampala, recebeu um número substancial de instalações sanitárias.

Dois anos mais tarde, em 2006, a National Water and Sewerage Corporation (NWSC), com a assistência do Banco Alemão de Desenvolvimento (KfW), começou a implementar um projecto de dois anos para instalar instalações sanitárias em duas favelas, uma das quais era a paróquia de Kisenyi II. Este projecto foi apelidado de Kampala Serviços Integrados de Abastecimento de Água e Saneamento para os pobres urbanos.

Este livro centra a sua atenção nas abordagens de sensibilização da comunidade utilizadas nos dois projectos acima referidos para estabelecer se as instalações do projecto estão a ser utilizadas de uma forma sustentável.

Figura 1: Duas das instalações sanitárias melhoradas.

Fonte: Fotos de campo do autor

À esquerda está uma instalação melhorada construída pelo projecto NWSC e à direita está uma instalação de saneamento melhorada construída pelo projecto KUSP. A instalação da NWSC tem, além disso, uma provisão para uma casa de banho separada para os machos e as fêmeas. É bem ventilada para evitar o mau cheiro.

Devido aos aparentemente elevados custos de Operação e Manutenção (O&M) da instalação KUSP, a instalação acima referida permaneceu inutilizada e o beneficiário pretendido continuou a utilizar a estrutura decrépita das chapas de ferro, também indicada na imagem.

A população urbana do Uganda com acesso ao abastecimento de água potável é de 64%. Destes, apenas 12% dos agregados familiares têm ligações directas de água nas suas casas. A situação dos esgotos é pior, estimando-se que 5% da população urbana tem ligações de esgotos, enquanto o resto da população depende de sistemas no local que são predominantemente latrinas de fossa. [8] Pior ainda, a elevada densidade populacional aliada à informalidade e natureza não planeada destes assentamentos, frequentemente desprovidos de estabilidade ou reconhecimento legal, constituem um enorme desafio de proporcionar a estas comunidades instalações sanitárias apropriadas e sustentáveis. A favela é composta por muitas garagens, locais de alimentação, cais de lavagem de automóveis, tecidos metálicos e outros negócios como as máquinas de moagem de milho, o que é um dos indicadores de que um número considerável de pessoas não reside na área, mas vem para este local para trabalhar.

Figura 2: Dois dos antigos sanitários existentes na área de estudo.

Fonte: Fotos de campo do autor

De acordo com Outlaw et al, embora a revisão sanitária do Ministério da Saúde/Divisão de Saúde Ambiental (2007) coloque a cobertura sanitária nacional entre 57% a 59%, o tipo de instalações frequentemente encontradas em zonas periurbanas estão muito abaixo do padrão exigido em termos de concepção, privacidade, integridade estrutural e, na maioria das vezes, já se encontram preenchidas.[9]Muitas vezes durante a estação chuvosa, a cólera é quase um problema perene na favela de Kisenyi, devido à terrível situação sanitária que aí se verifica. [10]

Figura 3: Uma antiga instalação sanitária partilhada por quatro famílias na área de estudo.

Fonte: Imagem de campo do autor

Os métodos educativos para a transmissão de informação sobre saneamento têm sido centrados na sala de aula, deixando os membros da comunidade na extremidade receptora. A água é vista como uma necessidade da comunidade, mas o saneamento é visto como um problema doméstico, exigindo atenção individual. As pessoas têm prazer em falar sobre a água, mas não sobre o saneamento. No passado, os programas de água e saneamento encontraram mais facilidade em reunir apoio, enfatizando a necessidade de água. Os aspectos

---

[9] Outlaw et al, 2007: p.7
[10] Nakaayi,2008. http://www.newvision.co.ug/D/8/13/651601.

de saneamento dos programas são muitas vezes negligenciados ou não são bem sucedidos.[11] No final, não criam o impacto duradouro de promover uma eliminação fecal segura e, no entanto, este é o seu objectivo. Isto perpetua os desafios de higiene e a continuação de projectos insustentáveis. Por conseguinte, é do interesse deste trabalho estudar o impacto da educação da comunidade na sustentação de projectos de saneamento.

Sustainable Sanitation and Water Renewal Systems, uma ONG local, afirma que nos bairros de lata do Uganda, em caso de falha no acesso a uma casa de banho, as pessoas lidam com a utilização de sacos plásticos de polietileno ("sanitas voadoras") que mais tarde deitam no telhado das suas casas vivas, contentores do lixo, em esgotos abertos e ao longo de caminhos. Devido ao mau planeamento das instalações físicas nas áreas baixas, muitas áreas não podem ser acedidas pelos esvaziadores de latrinas e em muitos casos; os sanitários são esvaziados descarregando o conteúdo para os esgotos próximos durante as chuvas. Consequentemente, doenças como a cólera, disenteria e diarreia são comuns, especialmente durante as chuvas. [12]Isto demonstra a necessidade de sensibilização nas comunidades com o objectivo de mudar os comportamentos das pessoas que são prejudiciais à saúde pública devido a práticas sanitárias deficientes.

De acordo com o Governo do Uganda, Estratégia de Reforma da Água e Saneamento Urbano, se o Uganda quiser alcançar a meta dos Objectivos de Desenvolvimento do Milénio (ODM) em matéria de abastecimento de água e saneamento básico até ao ano 2015, é necessário investir cerca de 380 milhões de dólares dos Estados Unidos no sector.[13] A Política Nacional da Água do Uganda estipula que a sustentabilidade deve ser um objectivo primordial de todas as intervenções de abastecimento de água e de saneamento. Considera-se que a sustentabilidade depende de várias questões como a concepção do sistema, propriedade e desenvolvimento da capacidade institucional a todos os níveis,

---

[11] Simpson-Herbert M e Wood S, eds. 1998: p.113

[12] Sustainable Sanitation and Water Renewal Systems report entitled Social Marketing of improved sanitation and efficient utilisation of ecological sanitation products in urban/ peri-urban areas (Agosto de 2008) -un publicado.

[13] Governo do Uganda, Ministério da Água, Terras e Ambiente 2007, Estratégia de Reforma da Água e Saneamento Urbano

viabilidade financeira e sistemas administrativos eficientes. [14]

Embora reconhecendo a inter-relação dos factores de sustentabilidade acima referidos, este livro limita o seu âmbito à construção de propriedade para uso sustentável, o que argumenta ser estimulado pela educação comunitária. O seu objectivo é fazer uma análise comparativa do impacto da educação comunitária em projectos de saneamento. Num sentido lato, compara os indicadores de sustentabilidade dos inquiridos que receberam sensibilização da comunidade com os inquiridos que nunca receberam qualquer sensibilização da comunidade antes de receberem as instalações sanitárias do projecto. Num sentido restrito, compara os canais de consciencialização da comunidade. Enquanto o projecto KUSP utilizou o seu pessoal de projecto para promover a educação comunitária, o projecto NWSC utilizou o Comité de Desenvolvimento Paroquial. Este estudo visa estabelecer os níveis de eficácia para as duas estratégias de sensibilização da comunidade. Este trabalho também analisa o impacto da educação comunitária na vontade dos beneficiários e os níveis de contribuições para a construção de instalações sanitárias.

1.2 Justificação

Um recente estudo de custo-benefício realizado pela OMS concluiu que alcançar o objectivo dos Objectivos de Desenvolvimento do Milénio em água e saneamento traria ganhos económicos substanciais: cada dólar dos Estados Unidos investido produziria um retorno económico entre três a trinta e quatro dólares dos Estados Unidos. O aumento da utilização de água e saneamento melhorados tem muitos benefícios; uma redução significativa de doenças, especialmente diarreia, evita custos de saúde, e economias de tempo associadas a ter instalações de água e saneamento localizadas mais perto de casa. O tempo poupado traduz-se em maior produtividade e frequência escolar, mais tempo de lazer e outros benefícios menos tangíveis, tais como conveniência e bem estar, tudo isto pode ter um impacto económico. Se estes benefícios forem traduzidos em termos monetários, é possível comparar os benefícios totais com os custos de uma potencial intervenção. [15]

---

[14] Governo do Uganda, Ministério da Água, Terras e Ambiente,1999, Política Nacional da Água
[15] QUEM/UNICEF, 2004: 20

O acesso ao saneamento confere benefícios a muitos níveis. Estudos transversais aos países mostram que o método de eliminação de excrementos é um dos mais fortes determinantes da sobrevivência infantil: a transição de um saneamento não melhorado para um saneamento melhorado reduz a mortalidade infantil global em cerca de um terço. A melhoria do saneamento também traz vantagens para a saúde pública, meios de subsistência e dignidade - vantagens que se estendem para além dos agregados familiares a comunidades inteiras. [16]

O sucesso dos programas de saneamento depende criticamente de uma efectiva sensibilização e mobilização do público através da informação, educação e comunicação. Um dos maiores desafios na mobilização para o saneamento é que a eliminação de resíduos humanos é, por um lado, uma questão extremamente individual, uma vez que a utilização de instalações sanitárias é um assunto privado na maioria das culturas. Por outro lado, a falta de gestão do saneamento é uma questão pública com repercussões muito para além do nível de um utilizador individual. Encontrar a cenoura certa (e o pau) para o público certo é a chave para o sucesso. [17]

De acordo com Wegelin-Schuringa, as experiências das últimas décadas demonstram que mesmo os programas tecnicamente mais bem concebidos falham ou produzem escassos resultados, porque os criadores de projectos e os beneficiários previstos não são adequadamente consultados, informados, educados ou mobilizados. A autora diz ainda que para o sucesso, os programas de saneamento dependem criticamente de uma efectiva sensibilização e mobilização do público através da informação, educação e comunicação. Wegelin-Schuringa argumenta que um dos problemas com o saneamento é que raramente é uma necessidade fortemente sentida. Poucas pessoas se dão conta de que muitas doenças são causadas por comportamentos de higiene e saneamento deficientes; também não compreendem a forma como estas doenças são transmitidas. [18]

O problema do abastecimento de água segura e da cobertura de saneamento básico nos países em desenvolvimento tem estado na agenda das Nações

---

[16] Relatório das Nações Unidas sobre o Desenvolvimento Humano, 2006: p.28
[17] Wegelin-Schuringa, 2000: p.1
[18] Ibid

Unidas (ONU) há bastante tempo. O período de 1981 a 1990 foi declarado uma Década Internacional de Água Potável e Saneamento e o objectivo era alcançar uma cobertura de 100% até ao final. Contudo, isto não se concretizou. Tendo como pano de fundo a continuação de condições terríveis de abastecimento de água e saneamento na maioria dos países em desenvolvimento, a ONU declarou o ano 2008 um ano internacional de saneamento para aumentar a consciencialização e acelerar o progresso para os Objectivos de Desenvolvimento do Milénio. O objectivo 10 dos ODM é reduzir para metade a proporção de pessoas sem acesso sustentável ao saneamento básico até 2015. As principais mensagens do objectivo são que; o saneamento é vital para a saúde humana, o saneamento gera benefícios económicos, o saneamento contribui para a dignidade e o desenvolvimento social, o saneamento ajuda o ambiente, e que o saneamento é exequível.[19] Um dos principais problemas da promoção do saneamento sustentável é, em parte, porque a educação comunitária é um processo gradual e, no entanto, dispendioso cujos resultados não são explicitamente vistos em comparação com as instalações de hardware, que são fáceis de explicar aos interessados.

No Uganda, a Lei da Saúde Pública promulgada nos anos 60 e alterada em 2000 ainda requer modernização. Um novo projecto já foi preparado para apresentação e ratificação. Um dos problemas assinalados são as sanções muito baixas por infracção da lei. A aplicação da lei provou ser um instrumento importante nos esforços para promover o saneamento sustentável e a promoção da higiene, mas raramente é o único instrumento e muitas vezes só é útil quando outros factores favoráveis coexistem, tais como a presença de soluções técnicas eficazes e a convicção pelos utilizadores dos benefícios de um comportamento higiénico. Este último factor só é possível se houver uma educação comunitária eficaz, tal como este trabalho está a estabelecer. Em muitas partes do Uganda, o nome de latrina tem sido "por lei", indicando uma época em que a cobertura das latrinas era aplicada e era responsável pela elevada cobertura. No entanto, a experiência no Uganda e para além dele mostra que isto não se traduziu necessariamente em melhor saúde, uma vez que muitas latrinas foram instaladas apenas para cumprir a lei, mas não foram necessariamente utilizadas. [20]Isto justifica assim a

---

[19] OMS e UNICEF, JMP 2008: p.4
[20] A República do Uganda; Estratégia decenal de saneamento ecológico 2009 a 2018: p.16.

necessidade de uma ampla sensibilização da comunidade de modo a tornar as instalações instaladas não só eficazes mas também sustentáveis.

Quanto à relevância deste livro, espera-se que seja útil para os formuladores de políticas, bem como que sirva de guia para os designers de programas e organizações da sociedade civil na tentativa de apresentar projectos que respondam às preocupações reais dos pobres urbanos. Espera-se também oferecer informação útil a futuros investigadores e académicos que desejem expor o papel da educação comunitária na sustentabilidade dos projectos de saneamento.

1.3 Objectivos de investigação

O principal objectivo é explorar o impacto da condução de educação comunitária sobre a sustentabilidade dos projectos de saneamento.

i. Estabelecer o impacto do pessoal dos projectos na promoção de programas de sensibilização da comunidade para a sustentabilidade dos projectos.

ii. Estabelecer o impacto do Comité de Desenvolvimento Paroquial na promoção de programas de sensibilização da comunidade para a sustentabilidade dos projectos de saneamento.

iii. Estabelecer o impacto da educação comunitária nas contribuições dos beneficiários para a construção das suas instalações sanitárias melhoradas.

1.4 Pergunta de investigação

A implementação de programas de educação comunitária resulta na sustentabilidade dos projectos de saneamento?

No que diz respeito à estrutura deste livro, o capítulo 2 discute a revisão da literatura onde cobre e analisa a forma como a sensibilização da comunidade foi tratada nos principais projectos e estudos de saneamento que foram implementados nos bairros de lata do Uganda e não só. É dada ênfase ao facto de os seus programas de educação comunitária terem sido suficientemente adequados e/ou apropriados para terem impacto na sustentabilidade dos seus respectivos projectos.

O capítulo 3 explica o quadro conceptual e teórico, e utiliza o modelo de crença na saúde, bem como a teoria da motivação da protecção para avaliar a relação entre a educação comunitária e o saneamento sustentável. Os dois modelos são também utilizados para explicar os termos teóricos utilizados nesta tese. As hipóteses de investigação também são delineadas neste capítulo.

O quarto capítulo discute a abordagem metodológica. Os itens investigados incluem: como a questão da educação comunitária foi abordada, e o impacto que criou na sustentabilidade para esses dois projectos de saneamento. A intenção é determinar se existe uma correlação entre a educação comunitária e a promoção do saneamento sustentável. Analisa a população, o procedimento de amostragem e os métodos de recolha de dados. Neste capítulo, perguntas como a forma como a educação comunitária foi realizada e o que a população local percebeu do projecto são motivo de preocupação. São utilizadas tanto abordagens qualitativas como quantitativas à recolha de dados. Também são utilizadas tanto fontes primárias como secundárias de dados. São utilizadas técnicas de amostragem proposital e aleatória para extrair uma amostra de 110 inquiridos. Os dados foram introduzidos, editados e analisados utilizando o programa informático do Programa Estatístico para Cientistas Sociais (SPSS). As limitações do estudo são também destacadas neste capítulo.

Chapter 5 discute os resultados da investigação. Analisa os dados recolhidos e responde às perguntas da investigação, bem como testa as hipóteses de os aceitar ou rejeitar.

Chapter 6 discute conclusões e recomendações. Vai mais longe para dar pistas sobre a necessidade de mais investigação.

2 REVISÃO BIBLIOGRÁFICA

Este capítulo destaca como o conceito de educação e sensibilização da comunidade para o saneamento sustentável foi incorporado em alguns dos estudos e projectos anteriores levados a cabo. Aponta exemplos e estudos de casos do Uganda e de outros países.

Simpson-Herbert e Wood observam que os programas de saneamento enfrentam numerosos desafios nos seus esforços para mudar as práticas de saneamento e sustentar melhorias no comportamento de saneamento. Para os enfrentar, devem abordar a contribuição do utilizador na definição das necessidades e na forma de as satisfazer. Os autores afirmam que a abordagem de marketing social, com o conhecimento das preferências dos consumidores no seu cerne, é um meio promissor de abordar questões relativas à procura de produtos de saneamento, prestação de serviços de saneamento, e mudança de comportamentos de saneamento. O [21]marketing social poderia ser utilizado, por exemplo, para promover a utilização correcta de sistemas de água e latrinas melhorados e isto serviria como uma receita para a sua sustentabilidade.

Os autores acima argumentam que o marketing social é uma estratégia sistemática na qual são definidos conceitos, comportamentos ou produtos aceitáveis, e como promovê-los, distribuí-los e fixá-los preços para o mercado. O seu objectivo é melhorar a eficácia do programa. Isto é captado nos "Quatro Ps", que devem constituir a base das campanhas de marketing social. São eles: produto, preço, local e promoção. O primeiro "P", refere-se ao produto que, no nosso caso, é saneamento. Os educadores da comunidade devem prestar a devida atenção ao tipo de produto que estão a introduzir na comunidade. O segundo 'P', refere-se ao preço. Em qualquer programa de educação comunitária, os educadores precisam de estar cientes do preço envolvido, tanto financeiro como de outra natureza. No nosso caso, o custo de ter e/ou utilizar as novas instalações sanitárias deve ser uma questão pertinente a ser considerada para que a sustentabilidade se realize. O terceiro "P" analisa o local. Este examina o caso da acessibilidade; disponibilizando a instalação ao(s) grupo-alvo a todo o

---

[21] Simpson-Herbert M e Wood S, eds., 1998

momento.

O último "P", que é o foco central desta tese, preocupa-se com a promoção de projectos de saneamento. Abrange uma vasta gama de canais através dos quais as mensagens da campanha são dirigidas ao grupo-alvo. Um exemplo, para além dos meios de comunicação social, é a comunicação interpessoal. A promoção do saneamento seria uma abordagem tão preventiva que salvaria os habitantes das favelas de uma série de doenças resultantes de maus comportamentos de saneamento. Mas infelizmente, este critério de quatro "Ps" tem sido muitas vezes ignorado durante os projectos de saneamento. Por exemplo, uma das razões pelas quais a utilização de casas de banho nos bairros de lata é frequentemente evitada é porque as suas taxas de utilização são consideradas proibitivamente elevadas e fora de alcance para as famílias muito pobres e, no entanto, estas formam a maioria nos bairros de lata. Isto não teria acontecido se o critério do preço tivesse sido bem considerado.

A necessidade de estratégias de educação comunitária a serem empacotadas com base no princípio do "Ps" é reescrito por Outlaw et al. Os autores também identificaram um quinto, "P", a que chamaram Políticas/Políticas. Argumentam que a legislação pode desempenhar um papel importante para influenciar o contexto dentro do qual o saneamento sustentável pode ser promovido. Os autores recomendam ainda a utilização de uma abordagem sistémica que combine resíduos, o ambiente físico, as crenças e atitudes culturais da população local, e a tecnologia. Além disso, recomendam uma parceria reforçada com o sector privado e as ONG para melhorar o saneamento, com base nas práticas existentes, sendo sensíveis ao género e utilizando materiais promocionais. [22]Se a exigência legal do governo de cada família de ter pelo menos uma latrina fosse aplicada, funcionaria como um incentivo adicional para impulsionar a procura de saneamento.

A Política Nacional da Água do Uganda pôs ênfase na importância de ligar o saneamento de baixo custo ao fornecimento de novos abastecimentos de água, e de acompanhar ambos com uma educação adequada em matéria de saúde e higiene. As escolas são veículos importantes para a divulgação das principais

---

[22] Fora-da-lei T, et al, 2007: p.5

mensagens de saúde, e os projectos devem, sempre que possível, incluir a construção de casas de banho nas escolas e a provisão de materiais de sensibilização. A política salienta ainda a necessidade do envolvimento das mulheres na promoção da saúde. Reconhece que as mulheres desempenham um papel importante na melhoria da saúde das suas famílias e na mudança do comportamento das crianças. [23]No caso dos dois projectos em estudo, não foi dada uma atenção especial ao envolvimento das escolas e das mulheres, como estipula a política. Igualmente importante é notar que o fornecimento de materiais de sensibilização em dois projectos foi aparentemente inadequado, uma vez que a maioria das pessoas falhou.

A abordagem da cenoura e do pau provou ser eficaz na promoção da sensibilização da comunidade para o saneamento sustentável. Isto é feito através da introdução e implementação de leis que asseguram comportamentos de saneamento seguros. O distrito de Kaliro, no leste do Uganda, tem utilizado eficazmente a abordagem para aumentar a cobertura sanitária de 49% para 79% em todo o distrito no prazo de um mês. Os agregados familiares foram ameaçados de passar o Natal de 2006 na prisão se não cumprissem a única lei que exige uma latrina por agregado familiar. Contudo, é de notar que o aumento da cobertura das instalações sanitárias devido à ameaça de acção legal não significa necessariamente um aumento semelhante e sustentado da utilização das instalações. É por isso que a sensibilização da comunidade se torna extremamente importante para qualquer projecto de saneamento, a fim de alcançar um impacto sustentável. [24]

O impacto da educação comunitária na promoção do saneamento sustentável é também captado por Jackson, B. et al., (eds). O autor partilha a experiência das chuvas de El Nino de 1997/98, que causaram estragos no Leste do Uganda, provocando surtos de cólera devido à falta de saneamento. No Uganda existe rádio FM com estações locais que são utilizadas para promoção. Há também uma frota de furgões de filmes com alguns filmes sobre saneamento. O pessoal da Inspecção verifica se os sanitários são utilizados. Espera-se que verifiquem todas as instalações de uma comunidade. Foram atribuídas recompensas por uma

---

[23] A República do Uganda, Política Nacional da Água, 1999: p.18
[24] Outlaw et al,.2007: p.9

promoção bem sucedida em festivais locais e nacionais. As comunidades têm clubes juntos para ajudar as mulheres idosas a construir uma latrina. Se as pessoas não puderem pagar uma VIP, podem utilizar qualquer material local. A nossa opção básica é a tradicional latrina de fossa. As pessoas verdadeiramente resistentes podem ser levadas a tribunal e serão multadas. Finalmente, há necessidade de um iniciador ou campeão, ou de vários campeões. [25]Este é um dos estudos de caso que dá um verdadeiro testemunho da necessidade e do impacto da educação comunitária na promoção e sustentabilidade do saneamento e em destaca particularmente o papel que o PDC deve desempenhar na aplicação da promoção do saneamento. No entanto, a abordagem da cenoura e do pau nunca foi utilizada nos dois projectos em estudo, o que deixa uma lacuna na aplicação da lei para uma promoção melhorada e sustentada do saneamento.

A falha mais comum dos programas de saneamento urbano no passado foi não ter em conta as necessidades expressas dos utilizadores. Há necessidade de abordagens reactivas em vez de prescritivas. A melhoria do saneamento deve ser vista em termos de serviços e não de instalações. A ênfase deve ser colocada na gestão, operação e manutenção ao longo de um período de tempo.[26]Uma das formas através das quais se pode influenciar as necessidades expressas da comunidade é através da sensibilização da comunidade.

No relatório da conferência regional da África Oriental sobre a aceleração do acesso ao saneamento realizado em Nairobi, Sugden Steve descreveu a sua própria experiência no Malawi, onde concluiu que uma abordagem centrada no prestador de serviços (no seu caso era uma ONG) não era sustentável. Isto porque a abordagem dependia da disponibilidade de pessoal qualificado, materiais subsidiados importados (de outra parte do país) e subsídios contínuos de vários tipos. Por outro lado, quando um programa é centrado na habitação, reconhece a necessidade de dar às famílias uma escolha e que os produtos são acessíveis e satisfazem uma necessidade sentida. Torna-se assim muito mais sustentável com o saneamento a tornar-se uma indústria local financiada pela economia local. Prosseguiu dizendo que na sua área de projecto no Malawi, onde os solos estavam esgotados e os fertilizantes eram caros, as pessoas foram

[25] Jackson, B. et al, (eds) 2005: p.8
[26] Tayler K. et al: 2000.

facilmente conquistadas para o conceito de saneamento ecológico e foram construídas instalações sanitárias em resposta às necessidades dos agricultores. Por conseguinte, era apropriado comercializar o saneamento como um complemento da agricultura e alguns dos promotores eram trabalhadores de extensão agrícola e não precisavam de subsídios substanciais para estimular a procura. Disse estar preocupado com o facto de a actual abordagem do projecto, praticamente sem subsídios, estar agora ameaçada por um projecto proposto que empregaria um subsídio elevado. [27]

Sugeriu Steve, no mesmo relatório, que, quando se trata de marketing de saneamento, os promotores precisam de reconhecer que se trata mais de dignidade e estilo de vida do que de saúde e higiene. De acordo com um inquérito no Benin, revelou prioridades interessantes para as pessoas que construíram ou utilizaram uma latrina, conforme a tabela abaixo. Na tabela, as preocupações com a saúde ocupam os 13º e 18º lugares. Utilizou a escala 1 a 4, em que 4 era a pontuação máxima. [27]

[27] Jackson, B. et al, (eds) 2005: p.10

Quadro 1: Inquérito no Benin sobre as razões para a utilização de uma latrina.

Evitar o desconforto do mato	3.98
Ganhar prestígio dos visitantes	3.96
Evitar perigos durante a noite	3.86
Evitar cobras	3.85
Reduzir as moscas no composto	3.81
Evitar cheirar/ver as fezes no mato	3.78
Proteger as minhas fezes dos inimigos	3.71
Ter mais privacidade para defecar	3.67
Manter a minha casa/propriedade limpa	3.59
Sinta-se mais seguro	3.56
Poupe tempo	3.53
Tornar a minha casa mais confortável	3.50
Reduzir os custos dos cuidados de saúde do meu agregado familiar	**3.32**
Ter mais privacidade para os assuntos domésticos	3.00
Tornar a minha vida mais moderna	2.97
Sinta-se real	2.75
Tornar mais fácil na velhice/doença	2.62
Para a saúde (menção espontânea)	**1.27**
Ser capaz de aumentar a renda dos meus inquilinos	1.17

Fonte: Jackson, B. et al, (2005) AfricaSan East Regional Meeting Report on Sanitation and Hygiene, Addis Ababa, Ethiopia, 1-3 February 2005.Meeting Summary: Volume 1, p.10

O relatório observa ainda que as mensagens de educação comunitária para o saneamento sustentável precisam de ser adaptadas de modo a persuadir as pessoas a passar do desinteresse para algum interesse e de algum interesse para uma decisão.

Na região sul da Etiópia, a região com uma população de cerca de 14 milhões de habitantes, as pessoas lançaram um programa de extensão sanitária (educação, demonstração e reforço) e deram às melhorias sanitárias uma posição proeminente no âmbito do pacote integrado. A estratégia básica é a mobilização e o empoderamento da comunidade utilizando as disposições organizacionais existentes. Os Agentes Comunitários de Saúde no sistema formal de saúde são apoiados por um grande número de Promotores Comunitários de Saúde voluntários, de ambos os sexos, seleccionados pelas comunidades. Estes voluntários promovem mensagens de saúde simples e baseadas na acção durante as actividades diárias. Realizam promoções a nível individual, familiar e comunitário para trazer mudanças de comportamento conducentes a práticas saudáveis. Isto é concebido para aumentar a apropriação, motivação e envolvimento da comunidade para uma maior participação em programas de saúde e utilização de serviços de saúde. [28]

A experiência indica que uma abordagem multiagências para alargar a participação entre os socialmente excluídos, como os habitantes de bairros de lata, é melhor do que iniciativas isoladas e duplicadas. O alargamento da participação das partes interessadas requer parceria entre os sectores voluntário e estatutário, acordo prévio sobre objectivos, reuniões regulares, flexibilidade, continuidade do compromisso de todos os parceiros e um objectivo partilhado. O autor afirmou ainda que a localização dos programas de aprendizagem é de importância crucial. Uma disposição local acessível é, portanto, essencial para permitir a participação activa de todas as secções da população. [29]

2.1 A experiência da Papua Nova Guiné

De acordo com o relatório do projecto de saneamento de baixo custo, sensibilização da comunidade e educação sanitária na Papua Nova Guiné, os elevados custos de capital dos sistemas de esgotos convencionais reticulados revelaram-se insustentáveis, particularmente para as famílias de baixos rendimentos nos aglomerados urbanos. As práticas actuais de saneamento, tais como a eliminação insegura a nível doméstico e das autoridades locais, apresentam grandes riscos de saúde em muitas cidades. Formas alternativas de saneamento a baixo custo e de fácil manutenção devem ser utilizadas para melhorar as condições de vida destes agregados familiares. A Direcção da Água

---

[28] Reunião Regional África Oriental sobre Saneamento e Higiene, Adis Abeba, Etiópia, 1-3 de Fevereiro de 2005 p.8
[29] McGivney, 2000 : p.1

desenvolveu recentemente uma posição favorável ao saneamento de baixo custo, segundo a qual, a implementação tanto de projectos de água como de saneamento tem de ser um processo progressivo, sendo o primeiro passo soluções de baixo custo e acessíveis. Para responder a estas preocupações, no âmbito do saneamento de baixo custo, que faz parte do projecto proposto, a Direcção da Água testará, em cidades provinciais seleccionadas, uma abordagem baseada na comunidade, fornecendo no local, soluções tecnológicas de baixo custo para o saneamento onde os esgotos reticulados são inacessíveis aos residentes urbanos. O programa envolverá abordagens participativas com as comunidades/beneficiários, ONG, e os governos locais. [30]

2.2 As experiências do Bangladesh

De acordo com um relatório do estudo do impacto na saúde de um projecto integrado no Bangladesh que inclui bombas manuais, latrinas melhoradas e educação higiénica, inquéritos de controlo regulares constataram que 90 por cento das latrinas concluídas estavam em uso regular. No final do projecto, 98% da população adulta na zona de intervenção afirmou que utilizava latrinas. Na área de controlo, contudo, apesar de uma campanha independente de educação higiénica, quase 20% dos adultos continuaram a utilizar os campos ou arbustos. Apenas entre as crianças com menos de três anos de idade, não se verificou qualquer melhoria nos hábitos de defecação. Uma mudança notável, atribuível à educação em higiene, foi que a maioria dos agregados familiares na área de intervenção, que anteriormente tinham utilizado lama para a limpeza das mãos após a defecação, começaram a utilizar em vez disso cinzas. O projecto teve também um impacto significativo na doença diarreica infantil na zona de intervenção, onde a incidência de diarreia baixou para três quartos da incidência na zona de controlo. [31]

Ainda no Bangladesh, as comunidades têm demonstrado capacidade de resolver problemas por si próprias. O governo do Bangladesh está há muito empenhado em melhorar o saneamento, mas a investigação da WaterAID mostrou que, enquanto os subsídios (o núcleo da política governamental de saneamento)

Asian Development Bank (2000) relatório e recomendação do presidente ao conselho de administração sobre uma proposta de empréstimo à Papua Nova Guiné para o projecto de abastecimento de água e saneamento das cidades provinciais e uma proposta de administração de uma subvenção do fundo japonês para a redução da pobreza à Papua Nova Guiné para saneamento de baixo custo, sensibilização da comunidade e educação sanitária. http://www.adb.org/Documents/RRPs/PNG/jfpr31467.pdf. p.11-13
[31] Aziz. em el., 1990: p.xii

deram às pessoas a "oportunidade" de construir latrinas, a geração de "capacidade" para o fazer ficou para trás. Uma organização não governamental - Centro de Educação e Recursos das Aldeias (VERC) demonstrou que as comunidades que actuam em conjunto podem tomar medidas para melhorar significativamente a sua situação sanitária. Trabalhando com esta ONG, as aldeias desenvolveram uma série de novas abordagens para resolver os problemas de saneamento. O [32]envolvimento da comunidade é, portanto, fundamental para a sustentabilidade do projecto, uma vez que a comunidade aprende a resolver os problemas por si própria.

2.3 O papel das perspectivas culturais, religiosas e de género dos alunos
Warner et al, observam que apesar do consenso universal de que o desperdício corporal é sórdido, o nosso comportamento de eliminação e os nossos sentimentos sobre ele são todos aprendidos com as nossas experiências, e evoluem e mudam ao longo do tempo. O autor enfatiza a necessidade de incorporar as perspectivas culturais, religiosas e de género na aprendizagem comunitária, para que os programas de saneamento sejam eficazes. Isto porque as questões de saneamento estão entrelaçadas na cultura, crenças, percepções e hábitos das pessoas. O autor dá um exemplo do Islão que prescreve procedimentos rigorosos para os hábitos higiénicos. Apenas a mão esquerda pode ser usada para limpeza após a eliminação; como a mão direita é usada para comer. Além disso, é especificada a utilização de água após a limpeza. Ou seja, um muçulmano é obrigado a utilizar água para limpar partes do corpo pelas quais passam as impurezas. Esta obrigação tem implicações no planeamento de instalações sanitárias sustentáveis. Uma dessas implicações é que deve haver sempre um abastecimento de água aos sanitários.[33] Neste caso, tanto os projectos KUSP como NWSC instalaram ligações de água às instalações sanitárias, uma vez que o saneamento melhorado e o abastecimento de água estão interligados. Relativamente à perspectiva do género, as instalações sanitárias do projecto NWSC são mais bem concebidas, uma vez que proporcionavam privacidade entre as secções para as mulheres do que para os homens. Por outro lado, embora as instalações sanitárias do projecto KUSP prevejam uma porta separada para as fêmeas, o facto de estar mesmo ao lado da porta dos machos não garante a tão necessária privacidade como seria

---

[32] IRC, 2007: p.32
[33] Warner W.S. et al, 2000) [http://www.gtz.de/ecosan/download/Warner-cultural-influence-acceptance.pdf] p.1-5

necessário. Basta dizer que a concepção técnica tem implicações nas perspectivas culturais e de género. Isto é verdade em culturas onde os homens e as mulheres não partilham a maioria das instalações domésticas.h

No entanto, o abastecimento seguro de água em Kisenyi e noutros bairros de lata do Uganda é por vezes intermitente devido a limitações como uma deficiente rede de condutas, baixa pressão de água e escassez no abastecimento a partir da fábrica de produção de água. Todos estes são desafios desenfreados para o bairro de lata de Kisenyi e, no entanto, o local é um centro para centenas de refugiados somalis, que são predominantemente muçulmanos.

Para que a educação seja eficaz, é necessário compreender primeiro a cultura dos alunos. Com essa compreensão, é possível conceber materiais que partem do que é familiar dentro de uma determinada cultura, antes de passar para o - desconhecido. O comportamento humano revela valores subjacentes e necessidades de aprendizagem para se relacionar com esses valores. Em cada cultura, as pessoas têm prioridades diferentes para os conhecimentos ou competências que escolhem adquirir, e formas diferentes de utilizar esses conhecimentos. Por conseguinte, os materiais de aprendizagem eficazes devem ser preparados para se adaptarem às exigências de públicos e culturas específicas. [34]

O autor argumenta ainda que a língua é central para a aprendizagem, especialmente nas sociedades multilingues. Reflecte estruturas e relações sociais. Ao abordar dignitários importantes, as pessoas tendem a usar modos elegantes e formais de linguagem. No entanto, quando se dirigem a amigos, as pessoas tendem a ser informais. Os educadores da comunidade precisam de encontrar a língua apropriada. Por exemplo, falar sobre assuntos sexuais em público é pouco usual em muitas sociedades. Portanto, são desenvolvidas diferentes estratégias para discutir tais assuntos. Por exemplo, no Uganda, adivinhas e provérbios são frequentemente utilizados para qualquer coisa relacionada com sexo.[35] O problema na natureza multilingue dos bairros de lata é que uma língua de elevado estatuto é adoptada à medida que se torna associada ao sucesso. Algumas pessoas de baixo estatuto, que não estão familiarizadas

---

[34] Jenkins, 1981: pp.21-25
[35] 36 Jenkins, 1981: p.22

com essa língua, acabam por não participar e, mais tarde, a beneficiar desse programa. Devido à natureza multi-étnica do bairro de lata de Kisenyi, alguns dos beneficiários pretendidos falharam nas mensagens destinadas à sensibilização da comunidade.

Esta tendência para abominar culturalmente a discussão aberta de certas questões tem sido uma das causas fundamentais da falta de saneamento nos países em baixo desenvolvimento. Na maioria dos países em desenvolvimento, as questões das casas de banho têm sido sempre consideradas como vergonhosas, pouco sagradas, privadas e sujas, o que deveria ser, portanto, um assunto pessoal. O bom saneamento beneficia toda a comunidade através de uma melhor saúde pública e produtividade. As pessoas nos bairros de lata precisam de ser facilitadas para melhorar o seu mau ambiente sanitário, mas primeiro, é necessário apreciar primeiro culturalmente o bem que dele resulta. A cultura e o comportamento humano estão entrelaçados.

2.4 O papel das crianças na promoção do saneamento sustentável

A vontade das crianças de mudar os hábitos de saneamento e gerar a procura de melhores sistemas de saneamento pode fornecer uma base para programas bem sucedidos de educação sanitária. Foi também reconhecido que as crianças mais velhas cuidam frequentemente dos seus jovens e podem influenciá-los na mudança dos seus hábitos e crenças. Argumenta-se que a mudança de hábitos de saneamento, desafiando crenças antigas ou mencionando os apelos inomináveis a promotores que têm energia, entusiasmo, empenho e tempo, e que estão de mente aberta e dispostos a tentar algo novo. Estas são características típicas das crianças e adolescentes. [36]À medida que as crianças se tornam adultos, continuam a implementar melhores práticas sanitárias e influenciarão os seus próprios filhos, bem como as comunidades, para o fazerem. O envolvimento das crianças envolve quase inevitavelmente os seus professores e pais. [37]No entanto, os dois projectos em estudo não integraram o conceito de envolver crianças nos seus programas de sensibilização da comunidade e isto tem de facto implicações no que diz respeito à sua eficácia e, em última análise, à sua sustentabilidade.

---

36 Zorba F, S (1997) Managing Editor, Worm Digest, Eugene, Oregon USA. Editado pela OMS com permissão de Zorba Frankel, S.], p.161
[37] Grupo de Trabalho do WSSCC sobre a Promoção do Saneamento, 2001.

2.5 Conduta do pessoal do projecto

Outro revés em projectos de saneamento anteriores tem sido a tendência do pessoal dos projectos para se comportar como peritos e solucionadores de problemas que presumem compreender e podem diagnosticar as necessidades da comunidade. No entanto, a questão da sustentabilidade dos projectos de saneamento só pode ser concretizada se os agentes de desenvolvimento comunitário se comportarem como facilitadores e não como especialistas em problemas comunitários. O autor recomenda ainda a utilização de uma abordagem multi-meios de comunicação. A utilização exclusiva da rádio, por exemplo, só pode chegar àqueles que estão dentro do alcance da transmissão, têm um aparelho de rádio funcional e ouvem no momento certo. Se o material impresso e as reuniões de grupo decorrerem paralelamente ao projecto, então mais pessoas terão acesso. Aqueles que não são capazes de ouvir ainda podem ler e discutir. Também ajuda os analfabetos a captar as mensagens nas rádios. As hipóteses de memorização são também aumentadas pela utilização de uma abordagem multi-media.[38] No entanto, todos os dois projectos empregaram opções limitadas com materiais limitados para a educação comunitária e, por conseguinte, parece faltarem lacunas na sensibilização da comunidade.

2.6 A questão da atribuição de recursos

A questão dos recursos para a sustentabilidade do projecto é tão crítica que mesmo que os intervenientes no projecto de saneamento estejam predispostos, tanto estrutural como culturalmente, para uma mudança de comportamento, há necessidade de recursos adequados para a difundir e sustentar eficazmente. Todas as formas de recursos; são necessários capital humano, financeiro, social e político, quer de dentro do próprio projecto quer do ambiente em geral. Por exemplo, os meios de comunicação social podem ser um aliado fundamental na educação da comunidade sobre uma intervenção sanitária.[39] No caso do KUSP e do NWSC, é evidente que os meios de comunicação social não foram mobilizados de forma adequada para complementar as campanhas de educação comunitária.

2.7 A necessidade de participação da comunidade

O envolvimento da comunidade e as abordagens de Transformação Participativa de Higiene e Saneamento (PHAST) são essenciais para os Programas de Educação e Saneamento Sustentável (SEAPs). O problema, porém, é que as

---

[38] Jenkins, 1981:p.44
[39] Mendel, *et al.*, 2007: p.23

comunidades em assentamentos informais muitas vezes não são consultadas para identificar os seus próprios problemas e soluções sanitárias. Pior ainda, os SEAPs chegam ao fim quando a construção de casas de banho também termina. Quando a fase de implementação do projecto termina, os seus promotores deixam-no nas mãos da liderança local que pode não ser tão apaixonada pelo seu sucesso. As competências da comunidade que o projecto tinha introduzido são continuamente reduzidas devido à elevada rotatividade associada aos habitantes de bairros de lata. A natureza temporária dos assentamentos informais dificulta frequentemente a sustentabilidade dos SEAPs. [40]É por isso que a educação comunitária é considerada importante, uma vez que equipa os beneficiários com competências e paixão para continuarem a defender a causa, mesmo quando os promotores do projecto partiram. Este problema é mais evidente no projecto KUSP, que confiou mais nos promotores externos do projecto.

Ao apresentar as experiências do Zimbabué na Semana Mundial da Água, 2007, em Estocolmo, o Xeique colocou o enfoque na educação e promoção da higiene, bem como destacou os Clubes de Saúde do Zimbabué. Estes clubes de saúde são criados e geridos pelas comunidades. Desempenham um papel vital na ampla educação e mudança de comportamento da comunidade, numa vasta gama de tópicos relacionados com a saúde e higiene. Apoiados por ONG e em conformidade com a Educação Participativa de Saúde e Higiene (PPHE), grupos comunitários e escolas criaram Health Clubs que não só educam os seus pares e membros da comunidade, mas também prestam assistência aos necessitados, e estabelecem padrões gerais de comportamento e conduta na comunidade. Numa situação em que a situação económica se agrava constantemente e a prestação de serviços governamentais se torna cada vez mais escassa, o valor da auto-ajuda dos clubes é vasto, também porque os clubes se transformam em camas quentes para actividades geradoras de rendimento. Este factor atrai os homens para os clubes de saúde, o que é visto como um desenvolvimento positivo, uma vez que facilita também a sua exposição às mensagens de saúde e higiene.[41] O conceito de clubes de saúde não foi utilizado nos projectos em estudo e, por conseguinte, os seus benefícios, tal como demonstrado na experiência do

[40] Naidoo *et al.*, 2007 pp: i-xv, 1-103
[41] http://www.wsscc.org/en/events/wash-participation/worldwaterweek2007/sanitation-and-hygiene-approaches-for-sustainable-development/index.htm

Zimbabué, não foram aproveitados.

De acordo com um projecto de abastecimento de água e saneamento rural da Tanzânia, o envolvimento da comunidade na concepção, implementação, operação e manutenção é um factor chave para a sustentabilidade. A experiência do projecto tem sido que a propriedade comunitária que resulta do envolvimento deixou de vandalizar os esquemas de água. Antes da introdução da abordagem participativa, em que o governo central era o único agente envolvido no fornecimento de água, a vandalização dos esquemas de abastecimento de água era comum. Agora, com a mudança no sistema de incentivos, as comunidades são partes interessadas e contribuem assim para manter os bens em benefício da comunidade. Este projecto sublinha que a sustentabilidade é uma função dos incentivos.[42] Isto é semelhante à analogia da cenoura e do (pau). A comunidade precisa de incentivos para a sustentabilidade
gestão das instalações. Da mesma forma, deveria haver penalizações por não cumprimento.

Outra experiência do projecto da Tanzânia é que um dos desafios da recolha de contribuições de comunidades muito pobres como meio de reforçar a propriedade é que as comunidades podem necessitar de longos períodos de recolha e de subsídios para contribuições parciais em espécie. São necessárias campanhas de persistência e de informação fortes onde a percepção da água como um bem livre permanece forte.[43] E este é também um desafio crucial para a prestação de serviços de água e saneamento nos assentamentos informais do Uganda. Existe uma forte percepção destes serviços como um bem gratuito, especialmente a água de nascente que, embora largamente contaminada e não tratada, é gratuita.

3 ENQUADRAMENTO CONCEPTUAL E TEÓRICO

Este capítulo tem três subcapítulos. O subcapítulo um analisa a definição dos conceitos utilizados no estudo. O subcapítulo dois analisa os fundamentos teóricos deste livro. O subcapítulo três examina as hipóteses para esta obra.

---

[42] Banco Mundial. Documento n° ICR0000730: http://www-wds.worldbank.org/external/default/WDSContentServer/WDSP/IB/2009/02/02/000333038_20090202005249/Rendered/PDF/ICR00007300ICR101official0use0only1.pdf, p.18.
[43] Banco Mundial. Documento n° ICR0000730: http://www-wds.worldbank.org/external/default/WDSContentServer/WDSP/IB/2009/02/02/000333038_20090202005249/Rendered/PDF/ICR00007300ICR101official0use0only1.pdf, p.18.

3.1 Definição de conceitos

Neste subcapítulo, são explicadas as variáveis teóricas que estão a ser investigadas no estudo e são dadas definições de trabalho.

3.1.1 Uma comunidade

Uma comunidade é definida como um grupo de pessoas ou organizações definidas por função (como a indústria), geografia (como uma área metropolitana), interesses ou características comuns (como a etnia, orientação sexual ou ocupação, ou por uma combinação destas dimensões em que os membros partilham algum sentido de identidade ou ligação.[44] Isto é reescrito por Hamilton, que define uma comunidade como uma base populacional residente geograficamente identificável de pessoas que partilham determinadas relações estruturais e funcionais. [45]Neste documento, uma comunidade refere-se aos agregados familiares que recebem instalações sanitárias dentro de uma área geográfica delimitada que enfatiza processos de eficácia colectiva, a fim de facilitar acções a nível local para melhorar a sua situação sanitária.

Dado que a educação comunitária é também uma variável-chave neste estudo, é imperativo que o conceito seja claramente compreendido. Neste contexto, a educação comunitária refere-se a quaisquer actividades que visem mobilizar as pessoas em processos de sensibilização através dos quais indivíduos, grupos ou organizações planeiam, realizam e avaliam actividades numa base participativa e sustentada para melhorar a sua saúde e outras necessidades, quer por sua própria iniciativa, quer como estimulado por outros. A educação comunitária pode assumir várias formas. Entre elas destacam-se workshops de sensibilização da comunidade, utilização dos meios de comunicação social tanto na imprensa como na radiodifusão, utilização de espectáculos dramáticos, utilização dos PDCs, mobilização de casa para casa. Nos dois projectos em estudo, a educação comunitária foi predominantemente implementada através da organização de workshops de sensibilização da comunidade pelo pessoal dos projectos ou da mobilização porta a porta por parte do PDC.

3.1.2 Definição de instalações sanitárias

A OMS/UNICEF, no seu programa conjunto de monitorização do saneamento para 2008, definiu instalações sanitárias numa escada de quatro degraus. No

---

[44] Mendel, et al., 2007: p.23.
[45] Hamilton, 1995: p.39

fundo da escada está uma defecação aberta. Isto implica defecação em campos, florestas, arbustos, corpos de água ou outros espaços abertos, ou eliminação de fezes humanas com resíduos sólidos. No segundo nível da escada não existem instalações e práticas sanitárias melhoradas. As instalações a este nível não asseguram a separação higiénica dos excrementos humanos do contacto humano. As instalações não melhoradas incluem latrinas de fossa sem laje ou plataforma, latrinas suspensas ou trincheiras de balde. O terceiro nível da escada implica instalações sanitárias partilhadas. Estas são instalações sanitárias de tipo aceitável, partilhadas entre dois ou mais agregados familiares. As instalações partilhadas incluem casas-de-banho públicas. A quarta e última categoria da escada implica instalações sanitárias melhoradas. São instalações que asseguram a separação higiénica dos excrementos humanos do contacto humano. Incluem descarga ou descarga de descarga de sanitários/latrina para sistema de esgotos canalizados, fossa séptica, latrina de fossa, latrina de fossa melhorada ventilada, latrina de fossa com laje e sanita de compostagem.[46]A categorização das instalações sanitárias encontra-se também no Programa Conjunto de Monitorização da OMS e da UNICEF no ano 2004. [47]

3.1.3 Participação

A Esperança e Timmel definem a participação como um diálogo baseado na partilha das próprias percepções de um problema, oferecendo as suas opiniões e ideias, e tendo a oportunidade de tomar decisões ou recomendações. Os autores defendem que a partilha de informação não deve ser confundida com a participação. Nem é verdadeira participação quando as pessoas ouvem os comandos das autoridades, e depois submissas fazem o "trabalho de burro" envolvido. A participação das pessoas em moldar as suas próprias vidas e escrever a sua própria história significa permitir-lhes falar as suas próprias palavras, e não as palavras de outra pessoa [48].

3.1.4 Sustentabilidade

A definição de trabalho para a sustentabilidade nesta tese é a capacidade das instalações de saneamento para alcançar um estado de funcionamento perpétuo. [49]

---

46 OMS e UNICEF: 2008: p.8
47 OMS e UNICEF, 2004: p.4
48 Esperança e Timmel, 1995: p.3
49 www.saimm.co.za/journal-comments/72-sustainability

3.1.5 Tacos para a acção

Estes são indicadores que estimulam um indivíduo a mudar o seu comportamento. Podem ser internos ou externos. As pistas internas incluem o que um indivíduo sente devido ao seu comportamento. Por exemplo, o mau cheiro devido à defecação aberta pode levar um indivíduo a parar tal comportamento. As sugestões externas de acção referem-se à educação sanitária e fontes de informação sob a forma de folhetos, tais como mensagens de educação comunitária.

3.1.6 Eficácia de resposta

Isto refere-se ao grau de confiança que um indivíduo tem na estratégia de melhoria da saúde que escolheu assumir. Refere-se à confiança na utilização de melhores instalações sanitárias como um meio de minimizar a susceptibilidade do saneamento a doenças relacionadas com o saneamento.

3.2 Quadro teórico

Este subcapítulo é o quadro teórico para este livro. Começa por reconhecer que seria difícil, se não impossível, para qualquer teoria única captar a dinâmica de disseminação de intervenções educativas estratégicas eficazes em contextos complexos, tais como cenários comunitários. Utilizando modelos cognitivos, no entanto, é possível examinar os preditores e precursores de comportamentos de saúde. Os modelos de reconhecimento descrevem o comportamento como resultado do processamento racional da informação e enfatizam os cognitivos individuais, e não o contexto social desses cognitivos. [50]

A fim de explorar o impacto da educação comunitária na sustentabilidade de projectos de saneamento em favelas, estão a ser utilizados neste documento modelos de cognição para descrever como o comportamento é resultado de um processamento racional da informação. Mwamwenda argumenta que o comportamento pode ser cientificamente observado, medido e estudado.[51]O modelo de crença na saúde e a teoria da motivação da protecção ajudam assim a estabelecer a forma como a mudança de comportamento é efectuada. Esta mudança de comportamento é o que está então ligado à gestão sustentável das

---

[50] Ogden,2000: p.23
51 Mwamwenda 1995: p.2

instalações sanitárias por parte das comunidades.

3. 2.1 O modelo de crença na saúde

Ogden argumenta que o modelo de crença na saúde (HBM), inicialmente desenvolvido por Rosenstock em 1966 e posteriormente por Becker e colegas ao longo das décadas de 1970 e 1980, a fim de prever comportamentos preventivos na saúde e também a resposta comportamental ao tratamento em doentes agudos e crónicos. Contudo, nos últimos anos, o modelo de crença na saúde tem sido utilizado para prever uma grande variedade de comportamentos relacionados com a saúde. Pode assim ser aplicado para explicar o impacto da educação comunitária na sustentação de projectos de saneamento em bairros de lata. [52]

O modelo de crença na saúde prevê que o comportamento é o resultado de um conjunto de crenças fundamentais, que foram redefinidas ao longo dos anos. As crenças centrais originais são a percepção do indivíduo. [53]

3.1.1.1 Susceptibilidade à doença

Isto analisa as hipóteses de se cair vítima de más condições sanitárias. Para que as estratégias e mensagens de educação comunitária sejam eficazes, portanto, devem ser capazes de convencer um indivíduo a sentir uma elevada sensação de vulnerabilidade a problemas resultantes de más condições sanitárias, por exemplo, destacando as hipóteses das pessoas contraírem doenças devido a más condições sanitárias nos bairros de lata. Os programas de consciencialização também precisam de orientar a comunidade sobre como mitigar o seu risco de exposição, de modo a reduzir a sua susceptibilidade.

3.1.1.2 A gravidade da doença

Também aqui, a HBM argumenta que um indivíduo é susceptível de mudar as suas crenças fundamentais se se tornar consciente da gravidade ou gravidade dos riscos e doenças a que está exposto. Os programas de consciencialização da comunidade precisam de divulgar o grau de gravidade das doenças que se acredita serem o resultado de um mau saneamento. Com isto, espera-se que as pessoas levem a mensagem a sério do que se percebem que o saneamento é uma questão trivial. No caso deste livro, a consideração é, por conseguinte, embalar as mensagens de educação da comunidade em

---

[52] Ogden, 2004: p.24
[53] Ogden,2004: p.24-27

uma forma que explica a intensidade das más condições sanitárias sobre a saúde da comunidade e a probabilidade de perda de vidas.

3.1.1.3 Os custos envolvidos na execução do comportamento

O modelo de crença na saúde sugere que um indivíduo faz uma análise custo-benefício antes de ajustar as suas crenças fundamentais. Por exemplo, para que alguém construa uma instalação sanitária melhorada e a utilize de forma consistente, esse indivíduo deve ter percebido que os custos de não o fazer são mais elevados. A educação da comunidade vai ajudar a melhorar a sustentabilidade dos projectos de saneamento se ela empacotar as suas mensagens de modo a fazer com que a comunidade se aperceba dos custos de não utilizar de forma consistente instalações de saneamento melhoradas. Com tal conhecimento, a comunidade pode fazer uma escolha informada se a mudança de comportamento é do seu interesse. Por exemplo, algumas pessoas podem não estar conscientes de que muitas doenças resultam de uma má higiene e, se se aperceberem dos custos envolvidos nos seus comportamentos, podem apreciar a necessidade de uma mudança imediata nos seus hábitos de higiene e sanitários.

3.1.1.4 Os benefícios envolvidos na execução do comportamento

Segundo a HBM, tal como mencionado no parágrafo anterior, um indivíduo faz uma análise custo-benefício e uma vez que percebe que os benefícios são mais elevados, então comportar-se-á de uma forma que traz mais benefícios. As mensagens educativas comunitárias devem, portanto, enfatizar os benefícios que advêm da adopção de práticas sanitárias melhoradas. Um exemplo pode ser que um bom saneamento poupa dinheiro. A educação comunitária precisa assim de se concentrar na consciência das pessoas sobre os benefícios de ter e usar um saneamento seguro.

3.1.1.5 Tacos para a acção

O modelo de crença na saúde identificou a importância de utilizar pistas para a acção durante os programas de sensibilização da comunidade. Estes podem ser internos ou externos. As sugestões internas são experiências dos beneficiários pretendidos. Para aqueles que estiveram ou adoeceram devido a más condições sanitárias, é uma chamada de atenção para a tomada de medidas sobre o problema. Pistas externas são mensagens de especialistas e fontes externas de informação que actuam como uma abertura de olhos para a comunidade. Incluem as brochuras do projecto e outros materiais informativos que guiam as pessoas sobre as melhores práticas de saneamento. Os surtos de cólera nos bairros, assim como as mensagens impressas e difundidas sobre práticas sanitárias seguras podem servir como pistas externas eficazes para a acção nos seus 38

mensagens. Esta categoria envolve também especialistas como médicos, professores e líderes eleitos, líderes de opinião locais e todas as outras pessoas que podem ter um mandato para influenciar os outros. Os membros do PDC estão nesta tese a desempenhar um papel de pistas de acção externas.

3.1.1.6 Motivação sanitária

A HBM argumenta que se o indivíduo tem uma grande vontade e interesse em levar um estilo de vida saudável, esse indivíduo evita comportamentos que têm potencial de causar má saúde, por exemplo, defecação aberta ou esvaziamento de casas de banho cheias em canais abertos. Por conseguinte, para uma sensibilização eficaz da comunidade, os programas precisam de assegurar que os indivíduos tenham o interesse de levar um estilo de vida saudável e se motivem o suficiente para começar a praticar um saneamento seguro.

3.1.1.7 Controlo perceptível

O modelo de crença na saúde prevê o cumprimento se um indivíduo perceber a sua capacidade de controlar a sua susceptibilidade a más condições sanitárias e a ameaças graves à saúde. Isto também será verdade se o indivíduo for sujeito a pistas de acção que sejam externas, tais como brochuras no gabinete do líder da comunidade, ou internas, tais como um sintoma percebido como estando relacionado com más práticas sanitárias (correctas ou não), tais como doença ou irritação.

Ao utilizar o novo modelo de crença alterado em matéria de saúde, prevê-se também que um indivíduo praticará um saneamento seguro se estiver confiante de que o pode fazer e se estiver motivado para manter a sua boa saúde. A motivação da comunidade pode exigir a intervenção dos líderes locais e esta é uma das áreas focais desta tese para avaliar o impacto do PDC em influenciar os comportamentos da comunidade. O modelo de crença na saúde sugere que as crenças centrais mencionadas na figura devem ser utilizadas para prever a probabilidade de ocorrência de comportamentos.

Figura 4: Noções básicas do modelo de crença na saúde

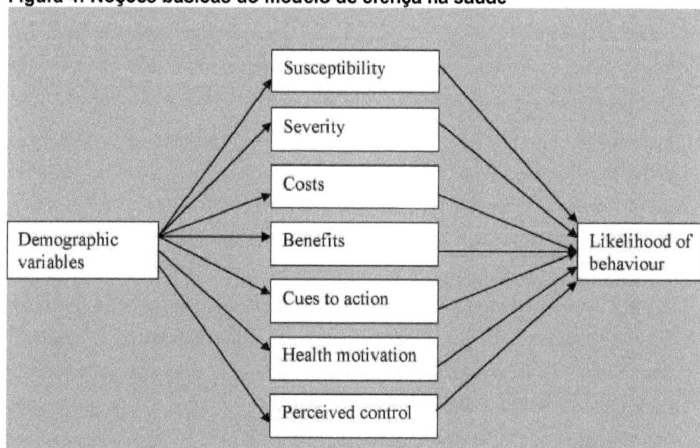

Fonte: Ogden 2004, 3ª Edição. p. 25.

Os estudos apoiam as previsões do modelo de crença na saúde. A investigação indica que o cumprimento dietético, sexo seguro, vacinação, visitas regulares aos dentes e participação em programas regulares de exercício físico estão relacionados com a percepção do indivíduo da susceptibilidade ao problema de saúde relacionado, com a sua crença de que o problema é grave e com a sua percepção de que os benefícios da acção preventiva superam os custos. Isto pode então ser tão bem aplicado na promoção do saneamento em bairros de lata em que a educação comunitária eficaz é utilizada para aumentar a consciência da gravidade do mau saneamento, da susceptibilidade das pessoas, dos benefícios de um saneamento melhorado, dos custos de um saneamento não melhorado, do que pode ser feito para evitar a situação e da melhoria dos cuidados com as instalações sanitárias.

A investigação também tem apoiado o papel das pistas de acção na previsão de comportamentos de saúde, em particular pistas externas e, mais uma vez, particularmente informativas. De facto, a promoção da saúde utiliza essa informação para mudar crenças e, consequentemente, promover futuros comportamentos saudáveis. A teoria também menciona o impacto da informação que podem mudar atitudes e comportamentos de saúde em áreas tais como a saúde dentária, condução segura e tabagismo. A informação geral sobre as consequências negativas de um comportamento é também utilizada tanto na prevenção como na cessação do comportamento tabágico. Se aplicada da mesma forma, a informação relativa às consequências negativas de más práticas de saneamento como defecação a céu aberto ou esvaziamento de esgotos em canais de água abertos, como é uma prática comum em bairros de lata, pode ser eficaz na mudança dos comportamentos das pessoas. A informação sanitária visa aumentar o conhecimento e vários estudos relatam uma relação significativa entre doença, conhecimento e comportamento sanitário preventivo.

Utilizando o argumento do HBM, para que as estratégias de educação da comunidade alcancem efectivamente um saneamento sustentável nos bairros de lata, elas precisam de ser embaladas de forma a informar claramente os habitantes dos bairros de lata sobre a sua susceptibilidade a doenças resultantes de um saneamento deficiente, a gravidade dos problemas de saneamento, os benefícios de uma gestão sustentável das instalações sanitárias e as pistas de acção.

No entanto, o modelo de crença na saúde tem sido criticado. Davis Kennedy e MacDonald, embora criticando as teorias psicológicas que enfatizam os factores psicológicos na mudança de comportamento, das quais o modelo de crença na saúde faz parte, argumentam que existem algumas provas empíricas limitadas sobre a forma como as teorias funcionam no todo e/ou numa parte. Isto não quer dizer, contudo, que as teorias não tenham recebido qualquer atenção nos Estados Unidos. No entanto, ainda nos encontramos numa fase rudimentar de compreensão de como as teorias funcionam realmente para produzir resultados, se algumas forem melhores do que outras para produzir resultados, quais os componentes ou massa crítica de conceitos ou princípios constituintes necessários para alcançar a mudança e quais os componentes mais ou menos relevantes para diferentes problemas a diferentes problemas e populações de potenciais aprendentes. [55]

Davis Kennedy e MacDonald também argumentam que teorias como o modelo de

---

[55] Davis Kenneth, e MacDonald, 1998: p.32

crença na saúde visam apenas prever o comportamento e fornecer muito pouco para indicar como os factores que o influenciam podem ser manipulados. Por exemplo, saber que quando se acredita que as consequências dos seus maus comportamentos de saneamento, tais como defecação aberta nos canais de água, são graves; argumentar que é mais provável que ele/ela pare esses comportamentos não é suficiente. A teoria fica aquém da explicação inerente de como fazer acreditar na seriedade das consequências dos seus comportamentos. Porque a tradução da acção para a vida real nem sempre é fácil, as intervenções nem sempre compreenderam aplicações fortes. A teoria é também criticada pela sua tendência de ser ecléctica, desenhando pedaços e peças a partir de uma variedade de construções disponíveis. [56]Outros pontos fracos do modelo de crença na saúde incluem: o seu foco no processamento consciente da informação, o seu foco no indivíduo ignorando o papel desempenhado pelo ambiente social e económico, tem sido sugerido que factores alternativos podem prever factores tais como a expectativa de resultados e a auto-eficácia e outra crítica é a sua abordagem estática às crenças na saúde.

Em resposta a críticas, o modelo de crença na saúde foi revisto originalmente para acrescentar a construção "motivação para a saúde" para reflectir a disponibilidade de um indivíduo para se preocupar com questões de saúde (tal como "estou preocupado que melhorar os meus comportamentos sanitários melhorará a minha saúde").

3.2.2 A teoria da motivação da protecção
Segundo Ogden, a teoria da motivação da protecção (PMT) é uma expansão do modelo de crença na saúde para incluir factores adicionais. O autor identifica os factores como: severidade, susceptibilidade, eficácia da resposta e auto-eficácia. Estes componentes prevêem as intenções comportamentais (por exemplo, pretendo mudar o meu comportamento). Um quinto componente do medo (uma resposta emocional) foi acrescentado como resposta à educação ou informação. [57]Uma das lições deste PMT é que a educação comunitária, especialmente pelos líderes locais e, no nosso caso, o PDC pode ser empacotada para gerar medo para aqueles que não estão a cumprir com comportamentos de saneamento sustentáveis e também pode ser aplicada utilizando o desempenho de

---

[56] Ogden, 2004:p.32-33
[57] Ibid, 2004: p. 27

recompensas para aqueles que cumprem. Os líderes locais podem usar o medo, não só incitando punições mas também criando consciência das consequências de maus comportamentos de saneamento.

A educação e sensibilização da comunidade sobre as variáveis mencionadas na figura abaixo têm como objectivo influenciar o comportamento da comunidade. Este documento centra-se na eficácia de alguns dos factores como a forma como os PDC, como pistas externas, influenciam os comportamentos da comunidade no sentido de práticas sanitárias sustentáveis e melhoradas. Isto pode ser através de reprimendas por falta de cumprimento ou utilização de recompensas por melhores práticas. As reprimendas podem ser eficazes para gerar medo.

Figura 5: Fundamentos da teoria da motivação da protecção

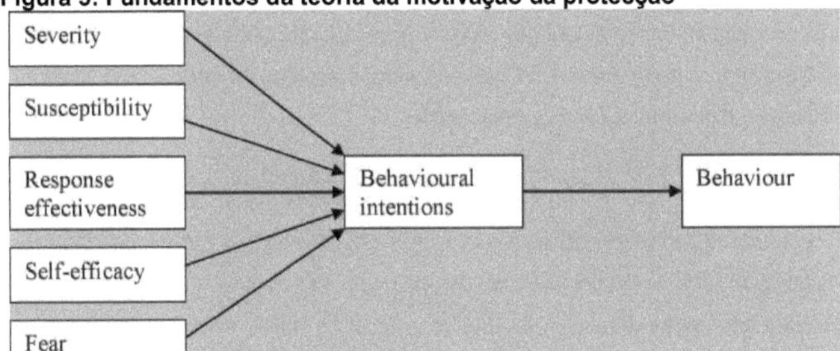

Fonte: Ogden 2004, 3ª Edição. p. 28.

Como se pode ver na figura acima, são variáveis como o medo e a percepção de susceptibilidade a más condições sanitárias que levam as pessoas a comportar-se de formas que podem promover a sustentabilidade dos projectos de saneamento. A auto-eficácia está relacionada com a crença e confiança do indivíduo em que tem a capacidade de mudar a situação em que se encontra actualmente. Quanto mais confiante for um indivíduo, maior é a probabilidade de mudança.

No entanto, é de notar que, embora algumas pessoas possam estar claramente conscientes da sua susceptibilidade e gravidade das más condições sanitárias, podem não ter capacidade para melhorar as condições degradantes em que vivem como resultado de uma pobreza abjecta.

O PMT descreve a gravidade, susceptibilidade e medo como estando relacionado com a avaliação da ameaça (avaliação da ameaça externa) e a eficácia e auto-eficácia da resposta como estando relacionado com a avaliação da reacção (avaliação do próprio indivíduo). Segundo o PMT, existem dois tipos de fontes de informação; ambiental (como persuasão verbal, aprendizagem observacional) e interpessoal (experiência anterior). Esta informação influencia os cinco componentes do PMT (auto-eficácia, eficácia da resposta, severidade, susceptibilidade, medo) que depois suscitam ou uma resposta "adaptativa" (intenção comportamental) ou uma resposta "maladaptativa" (por exemplo, evitar, negar)[58]. A PMT destaca a possibilidade de adoptar modelos que se ajustem aos factores específicos relacionados com um comportamento específico. O PMT apoia portanto o papel que o PDC deve desempenhar, neste caso, como fonte de informação ambiental para a sensibilização.

O PMT também não escapou às críticas. Presume que os indivíduos são processadores racionais, embora não inclua um elemento de irracionalidade na sua componente de medo. Mais ainda, não tem em conta os comportamentos habituais nem inclui um papel de factores sociais e ambientais. A PMT também tem sido criticada por não examinar explicitamente os comportamentos em termos de processo e mudança. [59]

As duas teorias acima referidas são os fundamentos deste livro ao explicar como a educação comunitária e os programas de sensibilização são capazes de influenciar a comunidade a melhorar as suas práticas de saneamento para projectos de saneamento sustentável. Utilizando estes fundamentos teóricos, o interesse é descobrir se a participação da sensibilização da comunidade leva a melhores práticas para projectos de saneamento sustentável. A outro nível é comparar a eficácia do pessoal dos projectos e do PDC em influenciar os comportamentos de saneamento da comunidade. Também de interesse para este livro é estabelecer o impacto que os programas de consciencialização comunitária

---

[58] Ogden, 2000: p.28
[59] Ogden, 2000: p.29

criaram na vontade dos beneficiários de contribuir voluntariamente durante a construção das instalações de saneamento.

3.3 Hipóteses

A principal hipótese deste livro é que as instalações sanitárias dos beneficiários que participaram na educação comunitária são mais sustentáveis do que as dos que não participaram.

A fim de tornar operacionais os testes desta hipótese principal, foram formuladas três sub-hipóteses. São elas;

i. A frequência da educação comunitária promove a consistência na utilização de improved sanitation facilities.

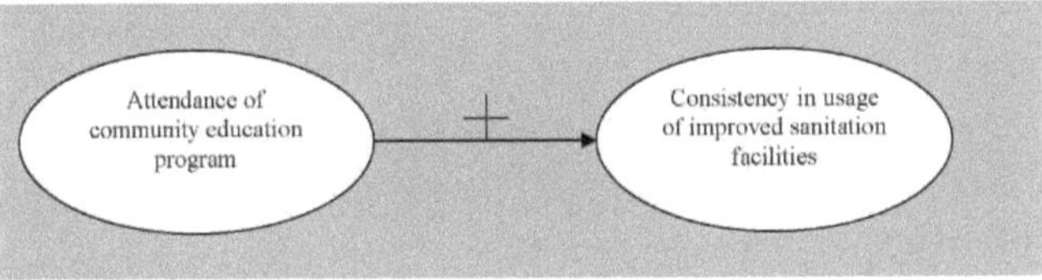

Fonte: Ilustração do próprio autor

Quadro 2: Descrição resumida das variáveis de estudo na hipótese 1

	Variável independente	Variável dependente
Nome da variável	Frequência do programa de educação comunitária	Consistência na utilização de instalações sanitárias melhoradas do projecto
Casos	inquiridos	inquiridos
Discreto/continuo	discreto	discreto
(não)/ numérico	não-numérico	não-numérico
Qualidade da escala	nominal	nominal

Fonte: Ilustração do próprio autor

ii. A educação comunitária por Comité de Desenvolvimento Paroquial é mais eficaz do que o pessoal do projecto em levar à consistência na utilização das instalações sanitárias do projecto.

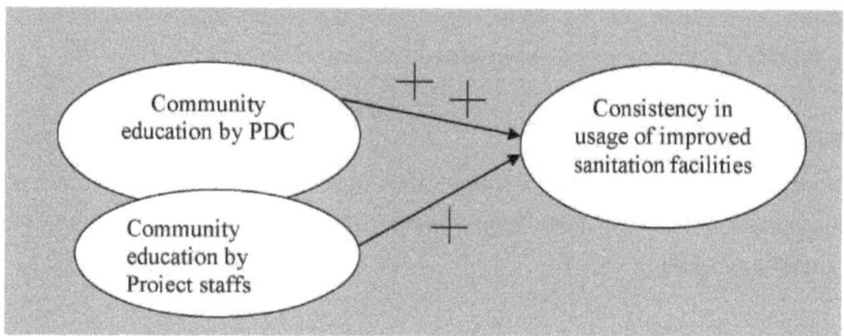

Fonte: Ilustração do próprio autor [60]

Quadro 3: Descrição resumida das variáveis de estudo na hipótese 2

	Variáveis Independentes	Variável dependente
Nome da variável	Implementadores comunitários de educação (PDC ou	Consistência na utilização de instalações sanitárias
Casos	inquiridos	inquiridos
Discreto/contínuo	discreto	discreto
(não)/ numérico	não-numérico	não-numérico
qualidade da escala	nominal	nominal

Fonte: Ilustração do próprio autor

iii. A frequência de programas comunitários de educação aumenta o beneficiário

contribuições para projectos de saneamento.

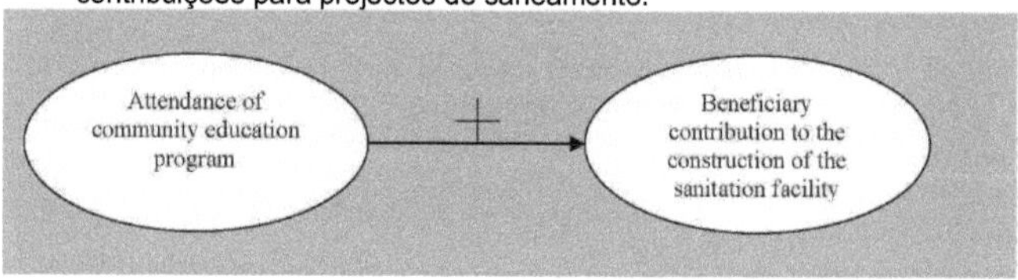

Fonte: Ilustração do próprio autor

[60] Nesta ilustração, o símbolo *+* é utilizado para inferir o nível de eficácia. Quando dois símbolos são mostrados, a hipótese é inferir um nível de eficácia mais elevado.

Quadro 4: Descrição resumida das variáveis de estudo na hipótese 3

	Variáveis Independentes	Variável dependente
Nome da variável	Participação no programa de sensibilização da comunidade	Contribuição dos beneficiários para a construção das instalações
casos	inquiridos	inquiridos
discreto/contin iuous	discreto	contínuo
(não)/ :al	numérico	numérico
qualidade da	nominal	Métrica

Fonte: Ilustração do próprio autor

4 ABORDAGEM METODOLÓGICA

Este capítulo descreve a concepção da investigação; formas pelas quais os dados são recolhidos do campo a fim de testar as hipóteses acima referidas, como os dados são analisados e interpretados. As fontes e os tipos de dados são especificados. Este capítulo descreve também como se chega à população e à amostra, incluindo as técnicas de amostragem aplicadas. É realizado um inquérito, para estabelecer a relação entre as variáveis. Isto é feito sob a forma de questionários administrados. São também utilizadas fontes secundárias de dados, como os manuais de projecto dos dois projectos em estudo. Os dados são então introduzidos, editados e analisados utilizando o pacote informático do Programa Estatístico para Cientistas Sociais (SPSS).

4.1 Operacionalização das variáveis

Este estudo investiga o impacto da educação comunitária na sustentabilidade dos projectos de saneamento - um estudo de caso da Paróquia Kisenyi II na divisão central da cidade de Kampala, Uganda. A um nível mais amplo, a fim de medir o impacto da educação comunitária na sustentabilidade dos projectos de saneamento, o investigador categorizou os beneficiários dos projectos em dois grupos; um que recebeu educação comunitária e o outro que não recebeu qualquer sensibilização antes de receber as instalações. O grupo que recebeu educação comunitária deve actuar como o grupo de tratamento, enquanto que o grupo que não recebeu educação comunitária deve actuar como o grupo de controlo. O objectivo pretendido é ter uma situação com e sem situação de modo a realizar uma análise comparativa que seja capaz de estabelecer o impacto da variável independente. Neste caso, a variável independente é a educação da comunidade. A variável dependente é a sustentabilidade dos projectos de saneamento.

A um nível mais restrito, o impacto da educação comunitária sobre a sustentabilidade dos projectos de saneamento é medido considerando dois programas de educação comunitária que foram utilizados nos projectos em estudo. No projecto KUSP de 2004 a 2006, os funcionários do projecto na Câmara Municipal de Kampala foram os principais promotores da educação comunitária. Por outro lado, no projecto NWSC de 2006 a 2008, o PDC foi posto em prática para promover a educação da comunidade. A este nível, este livro está a comparar qual dos dois programas de educação comunitária provou ser mais eficaz na promoção da sustentabilidade das instalações sanitárias.

A fim de medir a sustentabilidade de um projecto de saneamento, este livro utiliza dois indicadores: a consistência na utilização das instalações de saneamento melhoradas e o nível de contribuição dos beneficiários para os custos de construção das instalações de saneamento melhoradas.

4.2 População

A paróquia Kisenyi II é uma favela com uma população de 8.017[61] pessoas. Dois projectos anteriores cujas instalações sanitárias estão em estudo são o KUSP (implementado entre 2004 e 2006) e o projecto NWSC (implementado entre 2006 e 2008).[62] Existem 98 beneficiários para o projecto KUSP e 123 beneficiários para o projecto NWSC. Para o interesse deste estudo, portanto, a população beneficiária da qual se pode retirar a amostra é de 221 agregados familiares. Os implementadores do projecto também foram considerados com o objectivo de obter o seu ponto de vista.

4.3 Critérios de amostragem

A paróquia Kisenyi II na Divisão Central na cidade de Kampala foi seleccionada para este estudo devido à sua terrível situação sanitária apesar de vários projectos anteriores para evitar o problema sanitário. A outra razão é que Kisenyi fica adjacente ao centro da cidade de Kampala e é do interesse desta tese saber se as autoridades da cidade têm em vigor algum programa sustentável para melhorar o ambiente sanitário. Mais adiante, os surtos de cólera constituem frequentemente uma ameaça à vida de pessoas inocentes que vêm a Kisenyi em busca de negócios, uma vez que se encontram perto do centro de negócios da cidade.

A amostragem sistemática baseada na fórmula $k=N/n$ em que k é o tamanho do intervalo, N é o total de beneficiários e n é o número de pessoas a seleccionar em cada projecto foi feita para cada projecto para determinar o intervalo no qual se seleccionam os inquiridos. Foram seleccionados 45 beneficiários de qualquer

---

[61] www.kcc.go.ug/documents/media_and_publications/Central_Division.doc
[62] Várias partes do bairro de lata foram agora reestruturadas em edifícios comerciais. A população residente poderia assim ter sido substancialmente reduzida. Não há números mais recentes. O Uganda efectua o recenseamento da população de dez em dez anos. O último recenseamento foi em 2002

dos projectos. No projecto NWSC onde existem 123 beneficiários, utilizando a fórmula de amostragem acima referida, foi utilizado um intervalo de amostragem de três. Isto significa que cada terceira pessoa da lista de beneficiários do projecto NWSC foi considerada para a amostra. Em relação ao projecto KUSP, foi aplicado o mesmo procedimento, mas neste caso utilizando um intervalo de amostragem de dois. Isto significa que após cada uma das pessoas da lista, a segunda pessoa foi considerada para a amostra. No final de tudo isto, 90 beneficiários, 45 do KUSP e 45 do NWSC, constituíram os beneficiários que totalizaram 90. A amostragem propositada foi utilizada para seleccionar o pessoal do projecto que implementou os projectos KUSP e NWSC respectivamente, recolhendo uma amostra de 10 de qualquer um dos funcionários do projecto. Em resumo, o tamanho total da amostra era composto por 110 respondentes.

4.4 Métodos de recolha de dados

Um questionário semi-estruturado foi administrado pelo investigador, entrevistando os inquiridos e preenchendo-o. O questionário era composto por três partes. A primeira parte compreendia perguntas gerais para todos os inquiridos. A segunda parte do questionário continha perguntas específicas para os beneficiários do projecto na paróquia Kisenyi II, enquanto que a terceira e última categoria continha um conjunto de perguntas específicas para as organizações executoras do projecto.

4.5 Métodos de análise de dados

Após a conclusão do inquérito, os questionários foram verificados para detectar eventuais erros. A introdução dos dados recolhidos foi seguida e a edição dos dados foi feita no pacote informático SPSS. A análise dos dados foi também feita utilizando o mesmo programa informático para elaborar gráficos, tabelas de frequência, e tabulações cruzadas. As hipóteses foram testadas utilizando o teste Chi- square, o teste Fisher's - Freeman- Halton e as tabulações cruzadas. Interpretações dos resultados e foram feitas e conclusões alcançadas.

4.6 Limitações do Estudo

As limitações deste trabalho têm-se apresentado de diferentes formas e magnitude. Tem havido um desafio de analfabetismo entre a maioria dos inquiridos, particularmente os beneficiários do projecto e o investigador teve de gastar mais tempo a interpretar os questionários para a maioria dos inquiridos. Depois, alguns chefes de família não estavam disponíveis e/ou não estavam prontos para entrevistas, alguns já tinham mudado de residência e novos inquilinos utilizando as instalações sanitárias.

O outro problema era a expectativa das pessoas de esmolas antes de permitir qualquer entrevista. Este problema tem sido prevalecente do lado dos beneficiários. As pessoas estão habituadas a distribuir esmolas dos políticos antes de fazerem qualquer bem público. E o espírito de voluntarismo é ainda mais baixo nos bairros de lata. A solução para isto tem sido assegurar repetidamente às pessoas que este inquérito era para fins académicos e que os resultados seriam benéficos para futuras intervenções de desenvolvimento. No entanto, alguns dos inquiridos continuaram obstinados.

O outro desafio dizia respeito a garantir as nomeações com os beneficiários da amostra. Tornou-se muitas vezes difícil, pois os inquiridos não estavam disponíveis no momento da necessidade. Relacionado com isto é que algum pessoal chave que tinha trabalhado em projectos em estudo foi transferido ou deixou as suas respectivas organizações. Rastreá-los não tem sido uma tarefa fácil. O autor teve de ser suficientemente flexível, conduzindo por vezes a recolha de dados a altas horas da noite.

O tempo por vezes não foi cooperativo com dezenas de aguaceiros e uma vez que a entrevista envolveu extensos movimentos em torno da área de estudo, provou ser uma tarefa difícil. O autor teve de se contentar com a recolha de dados num ambiente bastante sujo, no qual os dados foram recolhidos. Devido a isto, o autor dificilmente encontraria um local decente para almoçar na área de estudo por receio de intoxicação alimentar. O investigador também operou sob o medo geral de ser assaltado por bandidos, alguns dos quais foram encontrados a fumar drogas ilegais no processo de recolha de dados. Kisenyi é um dos centros da cidade para uma elevada taxa de criminalidade e tráfico de drogas. [63]

O timing também constituía uma séria limitação. Basta dizer que pode ser demasiado cedo para estabelecer devidamente a fiabilidade dos indicadores de sustentabilidade. Teria sido um pouco mais apelativo se este estudo tivesse sido

---

[63] Sunday Vision(2009)
http://www.sundayvision.co.ug/detail.php?mainNewsCategoryId=7&newsCategoryId=132&newsId=698
953

realizado daqui a cerca de cinco anos. Isto daria uma imagem mais clara para estabelecer se as mensagens contidas na educação comunitária ainda são relevantes e praticadas na comunidade.

O tamanho da amostra também representa uma limitação, no sentido em que apenas parte da população alvo total é entrevistada. A situação ideal e, portanto, desejável teria sido obter a opinião de todos os beneficiários de modo a dar mais credibilidade aos resultados do estudo. Devido a insuficiências logísticas, era inevitável recolher amostras da população. E porque a bolsa de estudo do autor era limitada, ele teve de confiar na bolsa de estudo que era de certa forma inadequada.

5 RESULTADOS DA INVESTIGAÇÃO E DISCUSSÕES

Este capítulo apresenta as conclusões do estudo e os resultados dos testes de hipóteses do estudo. Faz análises das relações entre as variáveis em estudo. É apresentado em duas secções principais.

O principal objectivo deste estudo é explorar o impacto da condução de educação comunitária sobre a sustentabilidade dos projectos de saneamento. Para colocar isto numa perspectiva mais restrita, três objectivos foram derivados do principal. O primeiro sub objectivo é estabelecer o impacto do pessoal dos projectos na promoção de programas de sensibilização da comunidade para a sustentabilidade dos projectos. O outro subobjectivo é estabelecer o impacto do Comité de Desenvolvimento Paroquial na promoção da sustentabilidade dos projectos de saneamento. O terceiro e último sub objectivo é estabelecer o impacto da educação da comunidade nas contribuições dos beneficiários para a construção das suas instalações sanitárias melhoradas. A questão de investigação para este trabalho, que fornece o seu âmbito, é descobrir se a implementação de programas de educação comunitária tem um impacto na sustentabilidade dos projectos de saneamento. No contexto deste livro, os indicadores de sustentabilidade dos projectos são: consistência na utilização das instalações do projecto pelos beneficiários, o nível das contribuições dos beneficiários para os custos de construção e replicação autónoma das instalações. Este livro concentrou-se nos dois primeiros indicadores. Foram formuladas três hipóteses antes da investigação de campo. Utilizando os resultados do campo, as hipóteses são testadas a fim de as aceitar ou rejeitar e assim responder à questão da investigação.

5.1 Análise da Hipótese 1

Hipótese de investigação: A frequência da educação comunitária promove a consistência na utilização de instalações sanitárias melhoradas.

50

Quadro 5: Hipótese 1 Resumo do teste estatístico do qui-quadrado

Teste de qui-quadrado	df	Alfa (a) (lado assimmp.2)	Coeficiente de correlação
16.065	1	0.000	$\phi = 0.422$

Fonte: Conclusões empíricas do autor

No quadro 3 acima, o investigador apresenta os resultados do teste do qui-quadrado. O valor p de 0,000 mostra uma associação altamente significativa entre as duas variáveis "presença de programas de sensibilização da comunidade e consistência na utilização de instalações sanitárias". A fim de determinar a força desta associação, o teste estatístico Phi foi calculado. Foi obtido um valor phi de 0,422, indicando assim uma forte correlação positiva entre a frequência de um programa de sensibilização da comunidade e a consistência na utilização de instalações sanitárias do projecto. A hipótese de investigação de que a frequência da educação da comunidade promove a consistência na utilização das instalações sanitárias do projecto é assim aceite e a hipótese nula de que a frequência da educação da comunidade não promove a consistência na utilização das instalações sanitárias do projecto é rejeitada. [64]

Para fundamentar ainda mais os resultados das hipóteses, foi feito um apuramento cruzado para analisar a relação entre a presença do programa de sensibilização da comunidade e a consistência na utilização das instalações.

Figura 6: O impacto da participação no programa de sensibilização da comunidade sobre a consistência na utilização das instalações sanitárias

120 n

---

[64] Para mais detalhes sobre a tabulação cruzada e tabelas de teste do qui-quadrado, consultar o Apêndice 2.

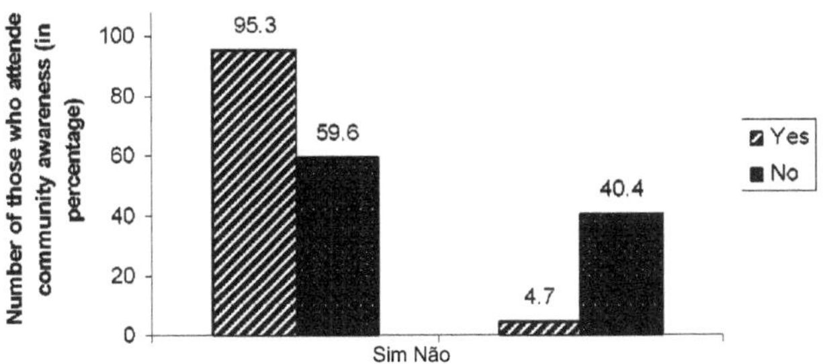

Consistência na utilização de instalações sanitárias melhoradas

Fonte: Conclusões empíricas do autor

Dos inquiridos que participaram no programa de sensibilização da comunidade, 95,3% estão consistentemente a utilizar as instalações sanitárias do projecto. Por outro lado, dos inquiridos que nunca frequentaram qualquer programa de sensibilização da comunidade antes de receberem as novas instalações sanitárias, 40,4% não as estão a utilizar de forma consistente. Isto é atribuído ao facto de estes beneficiários não terem recebido as mensagens educativas apropriadas da comunidade, tais como pistas externas de acção que orientam a comunidade sobre melhores práticas de saneamento. Por conseguinte, não é surpreendente que um número substancial daqueles que não receberam a sensibilização da comunidade para a necessidade de melhor saneamento parece não apreciar a importância de utilizar as novas instalações de forma consistente. Este grupo de beneficiários não parece apreciar a gravidade das doenças resultantes de más práticas sanitárias, nem parece compreender os benefícios de utilizar consistentemente melhores práticas sanitárias. [65]

Da mesma forma, com base nos fundamentos teóricos do modelo de crença na saúde, os inquiridos foram questionados acerca da sua percepção sobre a sua susceptibilidade a doenças relacionadas com o saneamento e se assistiram a alguma

---

[64] Para mais detalhes sobre a tabulação cruzada e tabelas de teste do qui-quadrado, consultar o Apêndice 2.

programa de sensibilização da comunidade. Os resultados mostram que, a frequência da educação comunitária tem uma tendência para aumentar a percepção de susceptibilidade.

Figura 7: Impacto do programa de sensibilização da comunidade sobre o nível de percepção de susceptibilidade a doenças relacionadas com o saneamento.

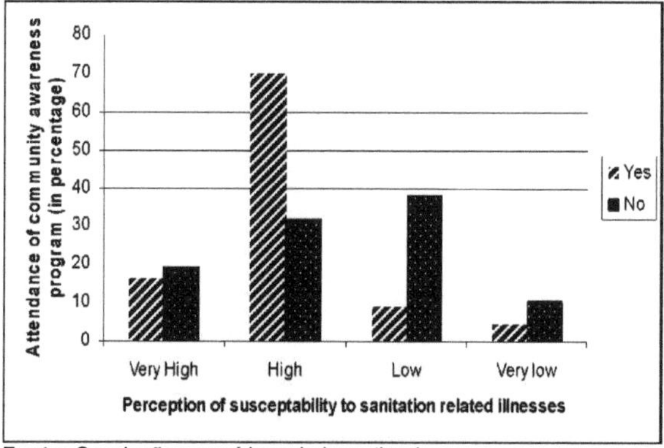

Fonte: Conclusões empíricas do investigador

69,8 % dos inquiridos que frequentaram um programa de sensibilização da comunidade classificam os seus níveis de susceptibilidade como elevados. Ainda assim, como mostra o gráfico de barras acima, 38,3% dos inquiridos que não frequentaram qualquer programa de educação comunitária classificam o seu nível de susceptibilidade a doenças relacionadas com o saneamento como baixo. Este padrão de percepção pode ser atribuído à educação comunitária na qual a comunidade é ensinada sobre os problemas e riscos associados a comportamentos de saneamento não melhorados. [66]

Sobre a variável de gravidade das doenças relacionadas com o saneamento, os inquiridos foram questionados sobre o seu nível de percepção das doenças relacionadas com o saneamento e se assistiram a algum programa de sensibilização da comunidade.

---

[64] Para mais detalhes sobre a tabulação cruzada e tabelas de teste do qui-quadrado, consultar o Apêndice 2.

Figura 8: Impacto da sensibilização da comunidade na percepção da gravidade das doenças relacionadas com o saneamento

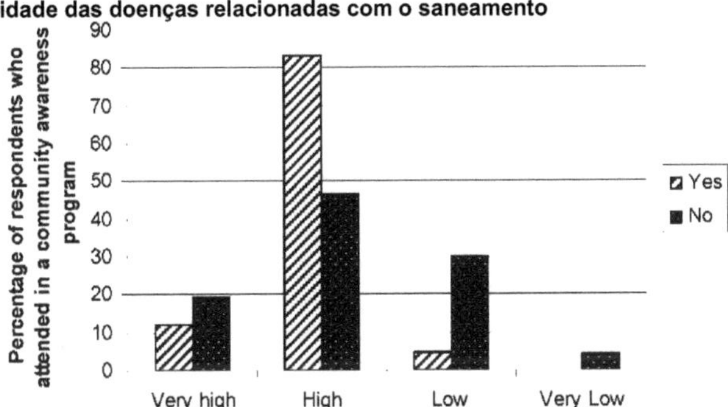

Fonte: Conclusões empíricas do autor

No gráfico de barras acima, 83,3% dos inquiridos que percebem a gravidade das doenças relacionadas com o saneamento como sendo elevada, atingiram a consciência comunitária. Por outro lado, cerca de 30% dos inquiridos que não atingiram a consciência da comunidade percebem a gravidade das doenças relacionadas com o saneamento como sendo baixa. Pode portanto deduzir-se que a sensibilização da comunidade tem um efeito positivo no aumento da percepção sobre a gravidade das doenças relacionadas com o saneamento. Isto, de acordo com o modelo de crença na saúde e os argumentos da teoria da motivação para a protecção, fará com que um indivíduo tome cuidado ao evitar comportamentos que tenham o potencial de orquestrar a ocorrência. Neste caso, quanto maior for a percepção do nível de gravidade das doenças relacionadas com o saneamento, maior a probabilidade de adoptar melhores comportamentos de saneamento. É aqui, portanto, que a educação da comunidade se torna oportuna, para que a comunidade aprecie os riscos em jogo. [67]

Os inquiridos da amostra também foram questionados se tinham assistido a algum programa de sensibilização da comunidade e se convenceram um vizinho ou amigo a adoptar melhores práticas sanitárias semelhantes às que os projectos tinham introduzido e encorajaram os seus beneficiários a praticar.

---

[67] Para mais detalhes sobre a tabulação cruzada, consultar o Apêndice 5

Figura 9: O impacto da participação em programas de sensibilização da comunidade em convencer os vizinhos/amigos a utilizar as instalações sanitárias melhoradas.

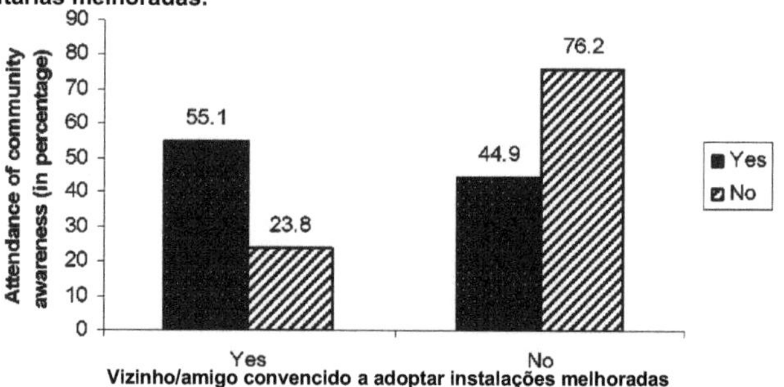

Fonte: Conclusões empíricas do autor

Do gráfico de barras acima, verifica-se que 55,1% dos beneficiários que receberam educação comunitária, assumiram a responsabilidade de convencer os vizinhos/amigos a adoptarem também melhores comportamentos sanitários, tal como recomendado pelo projecto. Dos inquiridos que não convenceram nenhum vizinho/amigos, 76,2% não participaram na sensibilização da comunidade. Isto pode ser atribuído ao facto de lhes faltar a motivação sanitária para encorajar os outros. Mais ainda, esta categoria pode mesmo não estar consciente da gravidade dos problemas de saneamento nem ter pistas para agir. [68]

5.2 Análise da Hipótese 2

Hipótese de investigação: A utilização do Comité de Desenvolvimento Paroquial na educação comunitária é mais eficaz do que o pessoal do projecto na promoção da consistência na utilização das instalações sanitárias do projecto.

---

[68] Para mais detalhes sobre a tabulação cruzada, consultar o Apêndice 3.

Quadro 6: Fisher - Freeman- Resumo estatístico do teste de Halton

Estatísticas de testes FFH	df	Alfa (a) (lado 2) (assimmp.	Correlação Coeficiente
10.012	1	0.003	$\phi = 0.375$

Fonte: Conclusões empíricas do autor

No quadro 3 acima, o investigador apresenta os resultados do teste para a hipótese 2. Fisher - Freeman- Halton test statistic = 10,012. Um p-valor de 0,003 mostra uma associação significativa entre as duas variáveis "promotores de sensibilização da comunidade e consistência na utilização das instalações sanitárias do projecto". A fim de determinar a força desta associação, o teste estatístico Phi foi calculado. Foi obtido um valor phi de 0,375, indicando assim uma correlação positiva moderadamente forte entre os implementadores de educação comunitária e a consistência na utilização das instalações sanitárias do projecto. A hipótese de investigação de que a frequência da educação comunitária pelo PDC promove uma maior consistência na utilização das instalações sanitárias do projecto é, portanto, aceite.

O teste Fisher- Freeman- Halton foi utilizado porque uma célula esperava contar menos de cinco.

---

[69] Para mais detalhes sobre a tabulação cruzada das variáveis da hipótese, consulte o Apêndice 4

Figura 10: Níveis de eficácia dos implementadores de sensibilização da comunidade sobre a consistência na utilização de instalações sanitárias melhoradas.

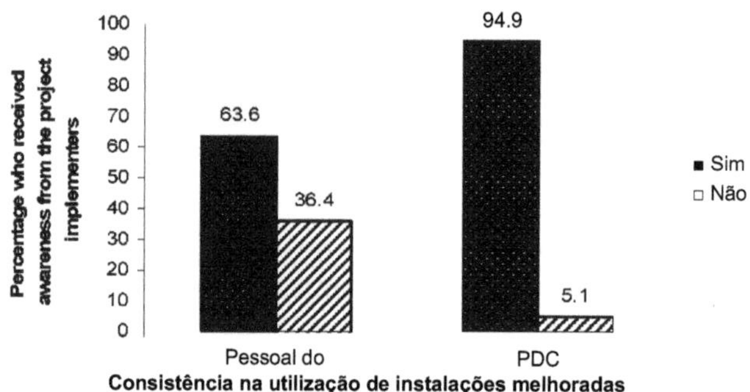

Fonte: Achado empírico do autor

Como se pode ver, dos inquiridos que receberam a sua educação comunitária do pessoal do projecto, apenas 63,6% afirmaram que utilizam consistentemente as instalações sanitárias do projecto. Isto é em comparação com 94,9% dos inquiridos que receberam sensibilização da comunidade por parte do PDC e que estão a utilizar consistentemente as instalações sanitárias. Na opinião do investigador, isto é atribuído ao facto de que enquanto o pessoal do projecto esteve na comunidade durante um período bastante curto, especificado durante a fase de implementação do projecto, o PDC, por outro lado, faz parte da comunidade e continua, diariamente, a encorajar as pessoas a utilizarem as instalações, mesmo que os projectos tenham terminado. [69]

O pessoal do projecto, sendo estrangeiro à comunidade, é, portanto, considerado menos eficaz na promoção da consciência comunitária. Isto expõe mais uma vez a ênfase algo limitada que ambos os projectos colocam nas actividades de sensibilização da comunidade. É também possível que o pessoal do projecto não compreenda totalmente a cultura e o valor subjacente da comunidade. É importante que a cultura da comunidade seja compreendida em primeiro lugar para que o programa de educação comunitária seja eficaz. [70]

Figura 11: Eficácia dos implementadores de programas de sensibilização da comunidade sobre a gravidade das doenças relacionadas com o saneamento

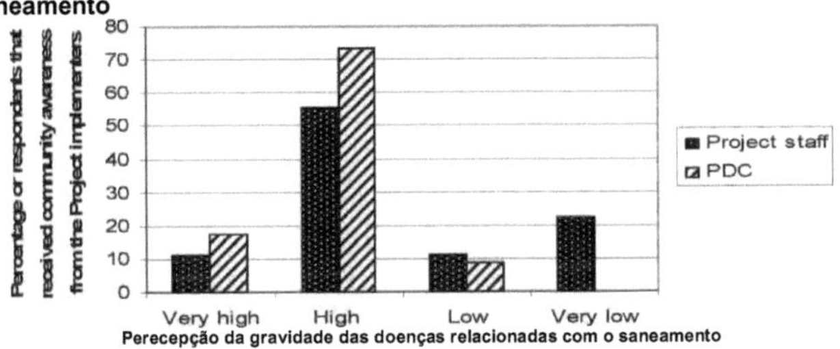

Fonte: Conclusões empíricas do autor

Dos inquiridos que receberam a sua consciência comunitária do PDC, 73,5% classificam como elevada a gravidade das doenças relacionadas com o saneamento na sua comunidade. Isto deve ser comparado com os 55,6% dos inquiridos que receberam a sua consciência comunitária do pessoal do projecto e percebem a sua gravidade como elevada. Isto implica que o PDC é mais articulado nas suas campanhas de sensibilização para fazer com que a comunidade aprecie os seus riscos sanitários, o que informaria então uma maior mudança de comportamento na comunidade.

5.3 Análise da Hipótese 3

Hipótese de investigação: A educação comunitária aumenta as contribuições dos beneficiários para a construção de instalações melhoradas.

---

[70] Jenkins, 1981, p. 21-25 Para mais detalhes sobre a tabulação cruzada das variáveis da hipótese, consulte o Apêndice 4

Tabela 7: Hipótese 3 Resumo do teste estatístico do qui-quadrado

Teste de qui-quadrado	df	Alfa (a) (lado assimmp.2)	Coeficiente de correlação
18.585	1	0.000	ϕ=0.485

Fonte: Conclusões empíricas dos autores

P-valor: a= 0,000 mostrando uma associação significativa entre a participação em workshops e as contribuições feitas. Phi: ϕ= 0,485 mostrando uma forte correlação positiva entre receber educação comunitária e as contribuições feitas para o projecto de saneamento

No quadro acima, o investigador apresenta os resultados do teste do qui-quadrado para a hipótese três. O valor p de 0,000 mostra uma associação altamente significativa entre as duas variáveis "a educação comunitária aumenta as contribuições dos beneficiários para projectos de saneamento". A fim de determinar a força desta associação, foi calculado um teste estatístico Phi. Foi obtido um valor Phi de 0,485, indicando assim uma correlação positiva moderadamente forte entre a educação da comunidade beneficiária e as contribuições dos beneficiários para as instalações de saneamento. A hipótese de investigação de que a frequência da educação da comunidade aumenta as contribuições dos beneficiários para os projectos de saneamento é, portanto, aceite.

Figura 12: Impacto da participação no programa de sensibilização nas contribuições feitas durante a construção

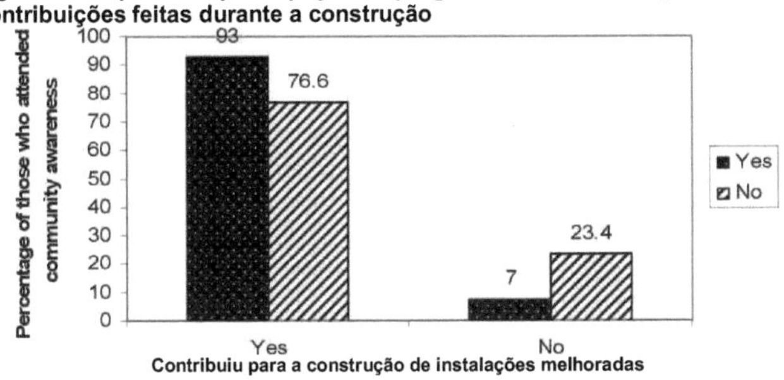

Fonte: Achado empírico do autor

Do quadro acima, verifica-se que 93,0% das pessoas que receberam a sensibilização da comunidade deram a sua contribuição durante a construção do projecto das instalações. 23,4% dos inquiridos que não receberam educação comunitária não deram qualquer contribuição. Isto é, em parte, atribuído à baixa vontade de contribuir, uma vez que ainda não apreciam a importância de um saneamento seguro. A educação comunitária é assim necessária em tais casos para que as pessoas se apercebam da sua susceptibilidade aos riscos de mau saneamento, bem como para informar as pessoas dos benefícios de possuir uma instalação de saneamento melhor.

Figura 13: Impacto do programa de Sensibilização no montante das contribuições para a construção de instalações sanitárias melhoradas.

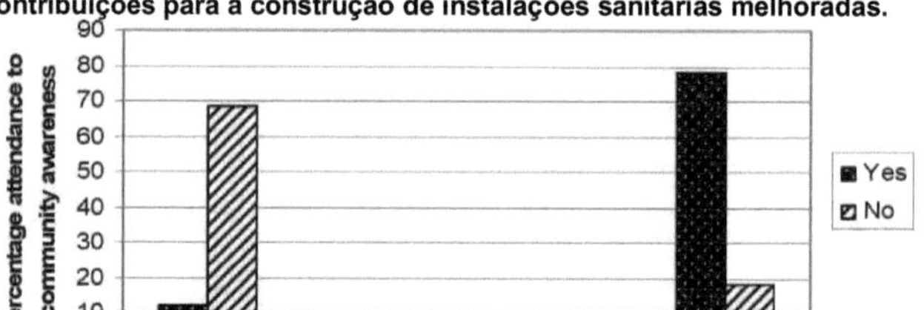

Fonte: Conclusões empíricas do autor

No gráfico de barras acima, uma tabulação cruzada da frequência do programa de sensibilização e da quantidade de contribuições feitas durante a construção das instalações sanitárias está a mostrar uma relação positiva. Aqueles que assistiram ao programa de sensibilização da comunidade têm tendência a dar mais contribuições. 78,0% dos inquiridos que receberam programas de sensibilização da comunidade contribuíram com mais de 3 milhões de UGX. Por outro lado, 68,4% dos inquiridos que afirmam não ter recebido qualquer sensibilização da comunidade fizeram contribuições menores, totalizando menos de um milhão de UGX. Isto leva o autor a concluir que a participação em programas de sensibilização da comunidade aumenta

Quadro 8: Apuramento cruzado da replicação autónoma das instalações sanitárias com o número de pessoas que se sabe terem reproduzido.

| | | Qualquer pessoa que tenha | | |
		Sim	Não	Total
A educação comunitária leva à replicação autónoma	Discordar	2	18	20
	Discordar	5	25	30
	Concorda	3	29	32
	Concordo plenamente	1	7	8
	Total	11	79	90

Fonte: Conclusões empíricas do autor

07 os inquiridos não acreditam que a educação comunitária promova a replicação autónoma das instalações sanitárias. No entanto, conhecem alguém (s) que replicou as instalações sanitárias do projecto. 43 respondentes não acreditam que a educação comunitária tenha o potencial de levar à replicação autónoma das instalações de saneamento nem testemunharam qualquer replicação do género.

Apenas 04 respondentes dizem ter conhecimento de pelo menos alguma replicação autónoma e testemunharam de facto um caso de replicação. Através de mais sondagens, o investigador estabeleceu que os quatro inquiridos se referem a dois casos, tendo uma replicação sido feita por uma escola primária e a outra por uma igreja. 36 respondentes acreditam que a educação comunitária leva à replicação autónoma, mas não têm conhecimento de quaisquer pessoas que tenham replicado as instalações sanitárias do projecto. A razão citada deve-se predominantemente ao elevado custo da construção da casa de banho e outras respostas apontam para a falta de espaço para a construção de uma instalação de saneamento tão decente.

81 dos 90 beneficiários do projecto denunciam os elevados custos de construção de uma instalação de saneamento decente. Apenas 9 acham o custo realista. Isto também é apoiado pelas condições de vida das pessoas, especialmente a qualidade da sua habitação. Na maioria dos casos, o custo da casa de banho (avaliado em cerca de 20 milhões de UGX pelas organizações implementadoras)

é visto como sendo superior ao valor estimado da casa. Neste caso, seria irrealista esperar que uma pessoa construa uma casa de banho deste tipo por conta própria.

Mesmo quando lhes é dada uma instalação sanitária completa, ainda lhes podem faltar os meios para assegurar uma O&M sustentável. É por isso que as instalações sanitárias devem ser concebidas de modo a serem de fácil utilização em termos dos seus custos de O&M. O saneamento ecológico (ecosan) é uma das inovações relativamente novas consideradas mais baratas em termos de O&M e, mais ainda, recicla os nutrientes dos resíduos humanos. Já está a ganhar terreno no Uganda e está agora a ser implementado em algumas povoações informais como Kagugube.

A imagem acima também realça a natureza não planeada dos lares, o que torna virtualmente impossível o acesso a alguns locais. Mostra também o problema do espaço onde, na maioria dos lares no assentamento informal, mais de 75% do terreno é ocupado pela estrutura habitacional, deixando praticamente nenhum espaço para a construção de casas de banho.

Figura 14: Despesas com O&M de instalações sanitárias por mês.

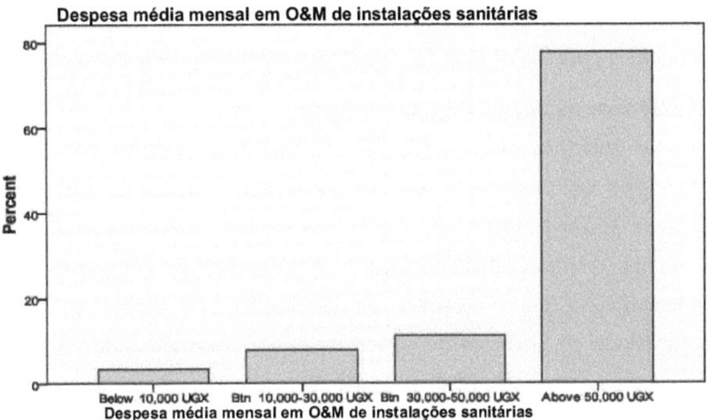

Fonte: Conclusões empíricas dos autores A maioria dos inquiridos (77,8%) gasta acima de 50.000 UGX em O&M das suas instalações sanitárias. De facto, mais sondagens revelaram que a maioria dos inquiridos gasta entre 200.000 a 250.000 UGX. Esta despesa é acrescida da factura de água, factura de electricidade, papel higiénico e os serviços ocasionais de esvaziamento de latrinas. Estes custos são considerados proibitivos e constituem uma ameaça para a sustentabilidade das instalações de saneamento.

6 CONCLUSÕES E RECOMENDAÇÕES

Este capítulo faz conclusões sobre cada uma das hipóteses. Estas conclusões são inferidas a partir da análise dos resultados empíricos deste trabalho.

6.1 Reexaminar os objectivos deste estudo

O principal objectivo deste estudo é estabelecer o impacto da educação comunitária na sustentabilidade dos projectos de saneamento em bairros de lata. A favela de Kisenyi, na Divisão Central da cidade de Kampala, Uganda, é seleccionada como um estudo de caso. A principal hipótese deste estudo é que a implementação de programas de educação comunitária promove a sustentabilidade de projectos de saneamento nos bairros de lata do Uganda. Também testa a eficácia do PDC na educação comunitária, bem como o impacto da educação comunitária em influenciar o nível das contribuições dos beneficiários, o que também é visto como um indicador para a sustentabilidade dessas instalações. A variável independente neste trabalho é a educação comunitária, enquanto a variável dependente é a sustentabilidade dos projectos de saneamento. A sustentabilidade é medida pela coerência na utilização das instalações, pelo nível das contribuições dos beneficiários para a construção das suas instalações e pela replicação autónoma das instalações. As duas primeiras medições de sustentabilidade mencionadas são o foco deste livro.

Figura 15: As terríveis condições sanitárias no fundo da imagem

Fonte: Fotografia de campo do autor

Como mostra a imagem acima, a situação sanitária na paróquia de Kisenyi II ainda está longe de ser desejável. Para além de dezenas de defecações a céu aberto, os canais de drenagem estão repletos de todo o tipo de resíduos sólidos e líquidos, como se pode ver.

A amostra foi seleccionada de dois projectos que foram implementados nos últimos cinco anos. O grupo de tratamento envolve beneficiários que receberam educação comunitária. Este grupo é também subdividido em dois grupos; um é composto por beneficiários que receberam educação comunitária por funcionários do projecto, enquanto o outro é composto por beneficiários que receberam educação comunitária do PDC. O grupo de controlo é composto por beneficiários do projecto que não receberam educação da comunidade.

6.2 Respondendo à pergunta de investigação

A pergunta de investigação formulada para orientar a investigação é respondida neste subcapítulo. Neste caso, este sub-capítulo responde se a implementação de programas de educação comunitária resulta na sustentabilidade de projectos de saneamento. Num sentido mais amplo, este trabalho revela que a educação comunitária tem um resultado positivo 69 impacto sobre a sustentabilidade dos projectos de saneamento. Este trabalho estabeleceu que a participação em programas de sensibilização da comunidade promove a consistência na utilização das instalações. E mais ainda, uma análise mais aprofundada revela que alguns programas de educação comunitária são mais eficazes. Por exemplo, o envolvimento do Comité de Desenvolvimento Paroquial é encontrado para impulsionar mais sustentabilidade para o projecto. No projecto KUSP, onde os funcionários do projecto são os principais promotores da sensibilização da comunidade, constata-se que os indicadores de sustentabilidade para as instalações são mais baixos.

No entanto, comum para os dois projectos, é que nem todas as vias de sensibilização da comunidade foram exploradas e, por conseguinte, faltaram lacunas na promoção da sustentabilidade do projecto. Por exemplo, as várias escolas primárias na área do projecto não foram orientadas para promover o saneamento sustentável e, no entanto, na revisão da literatura, o poder das crianças para influenciar as suas famílias está bem explicado. Do mesmo modo, os espectáculos dramáticos raramente foram utilizados e o mesmo aconteceu com os meios de comunicação social difundidos. Em resumo, algumas pessoas deixaram escapar as mensagens e nunca participaram nos processos de preparação e implementação do projecto. Isto não é bom para a sustentabilidade dos projectos, como alguns indicadores mostram. Por exemplo, há casos raros de replicação espontânea para o projecto NWSC e nenhum para o KUSP. Mesmo a higiene e a manutenção das instalações parece faltar, como se viu durante as caminhadas transitórias no processo de recolha de dados. Isto é uma prova de que as pessoas não estão totalmente sensibilizadas para serem donas das instalações.

Relativamente à eficácia do PDC na promoção da sustentabilidade dos projectos de saneamento o autor estabeleceu que, idealmente, o PDC é mandatado com a responsabilidade de promover o desenvolvimento na sua respectiva paróquia. O PDC deve trabalhar em cooperação com outros líderes locais eleitos a diferentes níveis. Em assentamentos informais, por exemplo, o PDC seria o ponto de entrada ideal, uma vez que é apolítico considerando a actual dispensa política multipartidária no Uganda. O PDC destina-se a ser instrumental na liderança da formulação e implementação de planos de desenvolvimento paroquial, defendendo a melhoria das condições de vida dos habitantes dos bairros de lata, bem como trabalhando em estreita colaboração com os parceiros de desenvolvimento na implementação de projectos de desenvolvimento.

Pelo contrário, este estudo revela que o PDC não está a executar adequadamente as suas responsabilidades. Não são facilitados pelo governo local e o seu desempenho depende inteiramente da sua motivação pessoal. A aparente falta de facilitação por parte do governo local torna-os menos eficazes na execução do seu mandato.

Quanto ao nível de contribuição dos beneficiários para a construção das instalações de saneamento, uma vez que o autor descobriu que aqueles que recebem a consciência da comunidade tendem a contribuir mais, o que então conduz a mais apropriação e sustentabilidade, pode-se argumentar que as contribuições da comunidade para projectos de saneamento promovem a sustentabilidade do projecto. Tendo analisado os resultados do teste da hipótese, o investigador estabeleceu que a educação da comunidade promove a sustentabilidade dos projectos de saneamento. A sua eficácia depende das estratégias utilizadas. A utilização de uma combinação destas estratégias de educação comunitária torna os resultados mais sustentáveis.

6.3 Conclusões

De acordo com os resultados empíricos do capítulo anterior, todas as três hipóteses deste estudo tiveram as suas hipóteses de investigação aceites. A primeira hipótese tem sido que a frequência da educação comunitária promove a utilização contínua das instalações sanitárias do projecto. Foi obtido um p-valor de 0.000 que mostra uma associação altamente significativa entre as duas variáveis "frequência de programas de sensibilização da comunidade e consistência na utilização de instalações sanitárias". A fim de determinar a força desta associação, o teste estatístico Phi foi calculado. Foi obtido um valor phi de 0,422, indicando assim uma correlação positiva moderadamente forte entre a frequência de um programa de sensibilização da comunidade e a consistência na utilização de instalações sanitárias do projecto. O investigador apresenta os resultados do teste do quadrado de chi. 95,3% dos inquiridos que frequentaram a educação comunitária estão consistentemente a utilizar as instalações de saneamento do projecto. Pelo contrário, 40,4% dos que não utilizam as instalações sanitárias do projecto de forma consistente não receberam qualquer sensibilização da comunidade. Isto reafirma o impacto da educação comunitária na consistência na utilização das instalações de saneamento. A extensão do impacto depende das estratégias de educação da comunidade utilizadas.

Quanto à hipótese dois, o autor utiliza uma estatística do teste Fisher - Freeman-Halton. Um p-valor de 0,003 mostra uma associação significativa entre as duas variáveis "a eficácia da educação comunitária pelo PDC e a consistência na utilização das instalações sanitárias do projecto". A fim de determinar a força desta associação, o teste estatístico de Phi foi computado. Foi obtido um valor phi de 0,375, indicando assim uma correlação positiva moderadamente forte entre os implementadores da educação comunitária e a consistência na utilização das instalações sanitárias do projecto. A hipótese de investigação de que a educação da comunidade pelo Comité de Desenvolvimento Paroquial é mais eficaz do que o pessoal do projecto em levar à consistência na utilização das instalações sanitárias do projecto é, portanto, aceite. O investigador utilizou o teste Fisher's- Freeman- Halton porque uma célula esperava contar menos de cinco. Como este estudo estabeleceu, o PDC pode ter um melhor desempenho se houver mecanismos de recompensa por um melhor desempenho. Ainda assim, as mensagens contidas na sensibilização da comunidade são importantes para o sucesso dos resultados. Seguindo o quadro teórico do modelo de crença na saúde, para a eficácia, as mensagens de educação comunitária precisam de enfatizar os benefícios do saneamento sustentável, os custos do mau saneamento e mais ainda, o PDC precisa de incutir o medo na comunidade, visando a motivação para a saúde.

Relativamente à terceira e última hipótese, o investigador obteve um p-valor de 0,000, o que mostra uma associação altamente significativa entre as duas variáveis "a educação comunitária aumenta as contribuições dos beneficiários para a construção de projectos de saneamento melhorados". A fim de determinar a força desta associação, o teste estatístico Phi foi calculado. Foi obtido um valor phi de 0,485, indicando assim uma correlação positiva moderadamente forte entre a educação da comunidade beneficiária e as contribuições dos beneficiários para as instalações de saneamento. A hipótese de investigação de que a frequência da educação da comunidade aumenta as contribuições dos beneficiários para os projectos de saneamento é, portanto, aceite. O investigador também descobriu que a capacidade dos inquiridos para fazer contribuições para o projecto está dependente das suas capacidades. Durante a recolha de dados, verificou-se que alguns dos beneficiários não dispõem dos meios, a sua vontade não é tolerada.

A eficácia dos programas de educação comunitária depende de uma série de variáveis. A frequência, o canal de comunicação, o conteúdo da mensagem, assim como o tempo de entrega, têm um efeito na recepção do programa de sensibilização. Os resultados da investigação estabeleceram que as três hipóteses de investigação são aceites, mas a força da correlação entre as variáveis tem estado dependente de alguns dos factores acima referidos. Por exemplo, este estudo estabeleceu que os PDC são mais aceitáveis na comunidade, uma vez que vivem lá, por oposição aos funcionários do projecto que são vistos como estrangeiros e vão embora assim que o projecto termina. Da perspectiva da HBM, o conteúdo dos programas de sensibilização é muito importante. Quanto mais pistas de acção oferecer e quanto mais fizer com que os indivíduos se apercebam da sua susceptibilidade, tanto melhor. Esta investigação estabeleceu ainda que a sensibilização da comunidade foi empreendida apenas durante um período de tempo limitado, o que fez com que um número considerável de beneficiários não participasse nos programas de sensibilização. E este documento estabeleceu que nem todas as vias foram exploradas para a sensibilização da comunidade. As várias escolas, igrejas, mesquitas não foram levadas a bordo para participar no projecto como uma fundação para a sustentabilidade.

6.3.1 Custo da replicação autónoma

Apesar de haver uma grande procura para as instalações sanitárias, existem apenas dois casos de replicação de sanitários para o projecto NWSC e nenhum para o projecto KUSP. A razão por detrás disto é o custo elevado proibitivo da construção das instalações sanitárias padrão do projecto. Tanto o projecto KUSP como o projecto NWSC colocam o custo das suas instalações sanitárias acima dos 20 milhões de UGX (6.780 euros). Este montante é demasiado elevado e dificilmente pode ser pago pela maioria das famílias do bairro de lata. Pode-se compreender isto porque a maioria das estruturas residenciais na área do bairro de lata parecia de má qualidade e não se podia esperar que uma instalação sanitária fosse melhor mantida do que a casa residencial principal.

Figura 16: Uma das habitações típicas do bairro de lata em estudo.

Fonte: Fotografia de campo do autor

Com particular referência ao projecto KUSP, os inquiridos relataram que, no final do período do projecto, o maior desafio é que a maioria das instalações não tinha sido ligada à água corrente, o que afectou negativamente a funcionalidade das instalações do KUSP. Por conseguinte, é importante notar que o processo de implementação exerce um impacto sobre a forma como as instalações serão utilizadas e mantidas.

6.3.2 Dimensão das instalações

A maioria das famílias da paróquia de Kisenyi II tem as suas estruturas domésticas ocupando praticamente todas as suas terras. O autor, através de passeios transitórios durante a recolha de dados, afirmou que para um número considerável de agregados familiares, só a estrutura da casa ocupa entre 75-100 % de toda a parcela de terreno. Mais adiante, um número considerável reside em locais arrendados e são, portanto, temporários. Na sua essência, a maioria da população da paróquia de Kisenyi II é de natureza transitória, o que torna a sustentabilidade das instalações sanitárias difícil de alcançar.

6.3.3 Problema de definição de saneamento melhorado

Há um problema em definir o que é realmente o acesso a um saneamento sustentável melhorado, pois existe uma aparente falta de consistência. O sistema de eliminação de excrementos é de 74 considerado adequado se for privado e se separar higienicamente os resíduos humanos do contacto humano. Contudo, sem uma gestão adequada, a melhoria do saneamento poderia ainda ser insustentável e causar poluição. Por exemplo, um sistema de esgotos sem uma estação de tratamento de águas residuais ou com uma estação de tratamento de águas residuais com um desempenho deficiente não pode ser sustentável. Embora [71]o relatório da OMS/UNICEF de 2004 categorize as latrinas públicas e partilhadas entre instalações sanitárias não melhoradas, estas poderiam ser uma solução de saneamento sustentável em áreas de favelas, tendo em conta as circunstâncias prevalecentes nas mesmas.

6.3.4 Lacuna na atribuição de recursos em saneamento

Embora o Uganda tenha tentado limpar o seu quadro institucional e político para trabalhar no sentido de atingir os objectivos 10 e 11 dos ODM em matéria de saneamento, seguindo as experiências até à data, o saneamento é objecto de muito menos atenção em comparação com o abastecimento de água. As dotações do governo para o orçamento do saneamento da Câmara Municipal de Kampala são demasiado inadequadas para sustentar os programas de saneamento. Mesmo o pouco que foi alcançado no passado recente foi principalmente o apoio dos parceiros de desenvolvimento como o KfW e a GTZ. Segundo Pernia e Alabastro, ter um abastecimento de água adequado é uma preocupação prioritária das famílias urbanas; enquanto que o saneamento é uma necessidade secundária. [72]Especificamente, os autores argumentam que a procura de uma família passa naturalmente da procura de água para a procura de remoção de resíduos domésticos antes de passar à procura de limpeza na vizinhança da comunidade em geral. A menos que o saneamento seja considerado como uma necessidade primária que requer esforços concertados, a maioria dos seus projectos arriscam-se a permanecer insustentáveis.

6.3 Recomendações

Com base nos resultados deste estudo, as seguintes recomendações podem ser úteis para a sustentabilidade de futuros projectos de saneamento em assentamentos informais.

[71] OMS e UNICEF, 2004: p.4
[72] Pernia e Alabastro, 1997: p.11

6.3.1 Abordagem holística dos pacotes de sensibilização da comunidade

Há necessidade de empacotar programas e mensagens de sensibilização da comunidade de uma forma holística. Através deste trabalho, o autor estabeleceu que, uma vez que a educação comunitária seja pouco implementada, como tem sido o caso dos dois projectos, um número considerável de respondentes perderá as mensagens. Quanto mais diversas forem as estratégias de sensibilização da comunidade, mais os beneficiários pretendidos serão alcançados. O conteúdo das mensagens também determina a eficácia dos programas de educação comunitária. É necessário incorporar variáveis intermédias no modelo de crença na saúde para servir de guia para o tipo de mensagens que podem deixar um impacto sustentável na comunidade. Uma vez que as mensagens mostram explicitamente o nível de susceptibilidade e severidade das pessoas, dá à comunidade uma motivação de saúde para melhorar os seus comportamentos.

A utilização de rádios e televisão, bem como de outros meios de comunicação de massas para promover o saneamento sustentável é uma recomendação nesta era da tecnologia em que a maioria das pessoas pode pagar um rádio ou uma televisão. Uma vez que a utilização de uma frota de carrinhas de cinema com alguns filmes sobre saneamento também tem funcionado com sucesso no Leste do Uganda para promover o saneamento sustentável, o pessoal da inspecção sanitária precisa também de fazer uma verificação intensiva para assegurar que as casas-de-banho são utilizadas e correctamente. Devem assegurar que todas as instalações de uma comunidade estão a ser geridas como indicado nos manuais de operação e manutenção do projecto. As recompensas para uma manutenção e promoção bem sucedida em festivais locais e nacionais poderiam impulsionar o cumprimento da sustentabilidade. Pessoas verdadeiramente resistentes podem ser levadas a tribunal para que sejam processadas e multadas. Há também necessidade de um iniciador ou campeão, ou de vários campeões. Isto realça assim a necessidade de uma educação comunitária eficaz na promoção e sustentabilidade do saneamento e realça novamente o papel que o PDC, como líderes comunitários, deve desempenhar na aplicação da promoção do saneamento.

6.3.2 As crianças como instrumento de promoção da sensibilização

As crianças devem ser visadas na sensibilização da comunidade para as melhores práticas sanitárias. À medida que se tornam adultos, são capazes de influenciar os seus pais e mais tarde os seus próprios filhos. A integração das crianças na consciência do saneamento torna inevitavelmente os seus pais e professores envolvidos e isto torna-se uma ferramenta eficaz na promoção de práticas sanitárias sustentáveis.

O saneamento deve ser entendido como um bem público que beneficia toda a comunidade e, por conseguinte, requer esforços comunitários para a sua manutenção. Com isto em mente, os projectos de saneamento começarão a figurar nas agendas prioritárias dos decisores políticos e dos líderes políticos. A partir dos princípios do modelo de crença na saúde, a sensibilização deve ser intensificada para que as pessoas possam compreender a sua susceptibilidade e gravidade aos problemas de saneamento. A partir dos resultados da investigação, alguns inquiridos ainda tinham um sentimento de negação sobre o seu risco de exposição, mas era evidente que o ambiente estava gravemente contaminado com sujidade.

6.3.3 O quadro regulamentar para intervenções sanitárias

A lista de verificação da Organização para a Cooperação e Desenvolvimento Económico (OCDE) para a acção pública, 2009, apela à necessidade de desenvolver um quadro regulamentar claro, bem como a implementação efectiva dos regulamentos e disposições contratuais. Neste contexto, é necessário clarificar papéis e responsabilidades, incluindo o desentendimento de funções, nomeadamente entre supervisão e prestação de serviços. A atribuição adequada de funções e responsabilidades deve ser acompanhada de uma clara identificação dos riscos, recompensas, direitos e recursos em todas as partes. A experiência de Manila Water mostra que, devido às difíceis trocas de contactos com os pobres, é melhor subsidiar novas ligações do que o consumo. O benchmarking, como fonte de informação para comparar o desempenho dos fornecedores de água e esgotos, é uma forte ferramenta para impulsionar a eficiência e como incentivo para uma maior transparência.[73] A monitorização e avaliação dos projectos é uma parte inestimável do processo de implementação do projecto e precisa, portanto, de ser dada a devida ênfase que merece. Os resultados da investigação demonstraram que algumas actividades nos dois

---

[73] OCDE,2009: p.123-4

projectos em estudo não foram executadas de acordo com o plano original, pelo que é necessário um acompanhamento para manter o projecto no bom caminho. Isto também ajudará a eliminar casos de desvio de orçamento em que os recursos destinados a programas de sensibilização da comunidade são um ponto fraco para a apropriação indevida.

No momento da recolha de dados, devido a novos desenvolvimentos no assentamento informal, algumas das instalações foram demolidas, derrotando assim o propósito para o qual foram construídas. O autor testemunhou mesmo um caso vivo de demolição de uma das instalações sanitárias do projecto. O caso surgiu porque os beneficiários originais do projecto venderam os seus terrenos e o novo proprietário do terreno tinha planos diferentes para o lote. O facto de o bairro de lata estar localizado mesmo ao lado do distrito comercial central da cidade agrava a situação à medida que o valor do terreno se valoriza rapidamente e é, portanto, muito procurado à medida que os homens de negócios constroem edifícios comerciais, empurrando assim efectivamente o bairro de lata para mais longe do centro da cidade. No projecto NWSC, contudo, no momento da recolha de dados, ainda não foi testemunhado nenhum caso de demolição. Mesmo os dois únicos casos de replicação foram relatados neste projecto e ainda para o KUSP que foi implementado anteriormente, não foram encontrados casos de replicação autónoma durante a recolha de dados. Estes indicadores apontam para uma maior sustentabilidade do projecto NWSC do que do projecto KUSP.

6.3.4 Tecnologia apropriada

Há necessidade de adoptar tecnologia, que responda à concepção e funcionalidade que seja fácil de operar e manter. Torna-se inútil conceber instalações muito fora do alcance dos beneficiários previstos. Isto torna as instalações insustentáveis, uma vez que os utilizadores a que se destinam não podem suportar os seus requisitos de O&M. Esta tem sido uma das maiores fraquezas destes projectos. Mesmo a sua concepção técnica tem muita influência sobre se a comunidade irá apreciá-los. Deveriam oferecer privacidade e dignidade, ao mesmo tempo que se devem ter em consideração as limitações de espaço. O desafio de esvaziar os sanitários não tem atraído a atenção muito necessária das autoridades da cidade e, no entanto, constitui o maior obstáculo para a O&M sustentável das instalações, uma vez que é dispendioso contratar um camião de esgoto para esvaziar os sanitários. Além disso, devido ao congestionamento nas favelas, algumas casas de banho estão localizadas em locais inacessíveis. Novas soluções tecnológicas são, portanto, de grande necessidade porque as opções de saneamento convencional como o saneamento fora do local provaram ser dispendiosas e insustentáveis.

6.3.5 Facilitação do PDC

O PDC precisa de ser facilitado pelo governo local para que este possa ter um orçamento para gerir as suas actividades. O governo já anunciou planos para começar a pagar salários mensais aos líderes locais a partir do ano financeiro de 2010/2011. Espera-se que isto aumente o seu desempenho e eficácia na comunidade. Deve também ser dada ênfase aos líderes locais para que sejam bons exemplos para a comunidade em questões de saneamento. Os comportamentos dos líderes locais têm alguma influência sobre as comunidades locais. Em suma, os líderes locais devem ser vistos a praticar o que promovem nas suas comunidades. A partir dos princípios do modelo de crença na saúde, eles poderiam conseguir isto usando a sua autoridade ou criando um fundo especial para recompensar o cumprimento e/ou impor reprimendas. Isto exigirá o apoio da sociedade civil, bem como de outros parceiros de desenvolvimento.

6.3.6 Compreensão cultural

Para assegurar a sustentabilidade dos projectos de saneamento, é necessário compreender primeiro a cultura da comunidade. Com essa compreensão, é possível conceber materiais educativos comunitários que partem do que é familiar dentro de uma determinada cultura, antes de passar para o não familiar. O comportamento humano revela valores subjacentes e necessidades de aprendizagem para se relacionar com esses valores. Em cada cultura, as pessoas têm prioridades diferentes para os conhecimentos ou competências que escolhem adquirir, e formas diferentes de utilizar esses conhecimentos.

Para além das perspectivas culturais, as perspectivas religiosas e de género precisam de ser incorporadas na aprendizagem comunitária para que os programas de saneamento sejam eficazes. Isto porque as questões de saneamento estão interligadas na cultura, crenças, percepções e hábitos de cada um. Um exemplo é o Islão, que prescreve procedimentos rigorosos para os hábitos sanitários. Apenas a mão esquerda pode ser usada para limpeza após a eliminação; como a mão direita é usada para comer. Além disso, é especificada a utilização de água após a limpeza. Ou seja, um muçulmano é obrigado a utilizar água para limpar partes do corpo pelas quais passam as impurezas. Esta obrigação tem implicações no planeamento de instalações sanitárias sustentáveis. Uma dessas implicações é que deve haver sempre um abastecimento de água aos sanitários. No entanto, o abastecimento de água em Kisenyi e noutros bairros de lata do Uganda é muitas vezes intermitente devido a desafios como a má rede de condutas, a baixa pressão da água e devido a rebentamentos. Todos estes são desafios galopantes para o bairro de lata de Kisenyi e, no entanto, o local é um centro para centenas de refugiados somalis, que são predominantemente muçulmanos. A questão do abastecimento de água fiável é, portanto, essencial para um saneamento sustentável.

6.3.7 Participação comunitária

É imperativo que haja um envolvimento comunitário e abordagens de Transformação Participativa de Higiene e Saneamento (PHAST) a fim de alcançar Programas de Educação e Saneamento Sustentável (SEAPs). Quando a fase de implementação do projecto termina, os seus promotores deixam-no nas mãos da liderança local que pode não ser tão apaixonada pelo seu sucesso. As competências da comunidade que o projecto tinha introduzido diminuem continuamente devido à elevada rotatividade associada aos moradores de favelas. Mais ainda, há necessidade de um planeamento estratégico de qualquer projecto de saneamento que deve sempre começar a partir da investigação da situação existente. O fracasso dos programas de saneamento urbano no passado deveu-se à não consideração das necessidades expressas dos utilizadores. Há necessidade de abordagens reactivas em vez de prescritivas. A melhoria do saneamento deve ser vista em termos de serviços e não de instalações. A ênfase deve ser colocada na gestão, operação e manutenção ao longo de um período de tempo. Os programas de saneamento devem realizar consultas elaboradas com os utilizadores sobre quais são as suas necessidades.

6.4 Agenda para mais investigação

Este trabalho contribuiu modestamente para a compreensão do impacto da educação comunitária sobre a sustentabilidade das instalações sanitárias em assentamentos informais. Afirma-se que há ainda várias outras áreas a focar, a fim de aprofundar a compreensão do impacto da educação comunitária na sustentabilidade dos projectos de saneamento.

6.4.1 A legislação sobre a propriedade da terra

A questão da propriedade da terra e do reconhecimento legal dos moradores de favelas é pertinente. Na altura deste trabalho, o Projecto de Lei de Alteração da Terra (2007) ainda se encontra no Parlamento e existe uma resistência considerável à mesma na sua forma actual. Vários casos de demolições ilegais são galopantes, uma vez que a relação jurídica entre o senhorio e os ocupantes ainda se encontra em equilíbrio devido à falta de um quadro regulamentar concreto. Como se viu no caso do nosso Uganda, a Lei de Terras existente ainda tem algumas falhas e a relação entre o senhorio e o inquilino é, de certa forma, ambígua. Há necessidade de se aventurar na forma de harmonizar a relação entre os dois. Mais adiante, a lei, tal como está neste momento, não reconhece os colonatos informais. Da mesma forma, há necessidade de mais investigação sobre as melhores disposições institucionais para o desenvolvimento urbano e a transformação dos assentamentos informais em esquemas de habitação de baixa renda para os pobres urbanos.

6.4.2 Novas tecnologias de saneamento rentáveis

Ao mesmo tempo que se debatem com o problema da sustentabilidade dos projectos de saneamento, é inevitável trazer à luz do dia a sua sustentabilidade financeira em primeiro lugar. O âmbito deste trabalho tem sido limitado ao impacto da educação comunitária. Recomenda-se a continuação da investigação na área de como chegar a um custo muito elevado de 80 instalações sanitárias eficazes cujos custos de O&M estão dentro dos meios da maioria dos habitantes das favelas. Opções como fontes alternativas de energia poderiam ser exploradas. Uma dessas tecnologias é o ecosan, que recicla nutrientes a partir de resíduos humanos para reutilização. O Ecosan ainda não foi totalmente abraçado por diferentes culturas. Por exemplo, ainda existe alguma resistência entre os lares muçulmanos que abominam o toque da matéria fecal. A República do Uganda (2008), Ten Year National Strategy on Ecological Sanitation 2009-2018[74] , sugere que o objectivo global da estratégia é assegurar que até ao ano 2018, a qualidade de vida no Uganda seja melhorada à medida que os recursos hídricos e a saúde humana sejam protegidos por uma gestão segura dos excrementos através de sistemas ecológicos sustentáveis que constituam pelo menos 15% da cobertura total do saneamento nacional. Isto exige, portanto, a investigação de formas de acelerar a estratégia nacional a fim de atingir o objectivo até ao ano 2018.

6.4.3 Parceria com o sector privado
Há necessidade de explorar na área das parcerias público-privadas para aproveitar mais oportunidades de investimento e investigação. No Uganda, por exemplo, o sector privado tem sido instrumental na promoção do saneamento. As empresas privadas estão a fabricar ferramentas sanitárias inovadoras, como sanitários móveis. É necessário realizar mais investigação para inventar mais destas soluções inovadoras. Há necessidade de explorar relações de trabalho conducentes entre o governo e o sector privado.

6.4.4 Motivação sanitária
Recomenda-se a continuação da investigação sobre formas de fomentar uma vida saudável na população, para que as pessoas possam adoptar estilos de vida saudáveis. Isto pode ser em termos de investigação sobre nutrição e outros comportamentos, tais como o consumo de álcool e comportamentos sexuais.

Para consolidar os benefícios de um saneamento melhorado, há necessidade de mais investigação sobre como aumentar os rendimentos dos pobres urbanos porque a utilização do saneamento está dependente do poder económico. As pessoas precisam de rendimentos para poderem pagar a O&M das instalações sanitárias melhoradas.

BIBLIOGRAFIA

Aziz, K.M.A. et al (1990) Water Supply, Sanitation and Hygiene Education: Relatório

---

[74] A Estratégia Nacional decenal de Saneamento Ecológico da República do Uganda 2009-2018. p.18

de um Estudo de Impacto na Saúde em Mirzapur, Bangladesh. O Banco Internacional para a Reconstrução e Desenvolvimento/Banco Mundial. Washington D.C, E.U.A.

Bracken, P. et al, (2006) Making sustainable choices - the development and use of critérios orientados para a sustentabilidade na tomada de decisões sanitárias. Online: [www2.gtz.de/Dokumente/oe44/ecosan/en-sustainabilityity-criteria-iwa-abstract-2006.pdf] Data de acesso: 15.04.2009

Cairncross, S (1992) Sanitation and Water Supply: Lições Práticas da Década. Banco Internacional para a Reconstrução e Desenvolvimento/Banco Mundial, Washington DC

De Bruijine, G et al,. (2007) Saneamento para todos? Thematic Overview Paper 20: Publicado pelo International Water and Sanitation Centre.

Davies, K.J e MacDonald. G (1998) Quality, Evidence and Effectiveness in Health Promotion; Striving for certainties. II New Fetter Lane, Londres.

Governo do Uganda, Ministério da Água, Terras e Ambiente (2007) Urbano Estratégia de Reforma da Água e do Saneamento.

GTZ (2008) Acelerando o Acesso ao Saneamento: Conferência Regional da África Oriental, realizada em Novembro de 2007, Nairobi, Quénia. GTZ, Eschborn, Alemanha.

http://www.geographyiq.com/images/ug/Uganda map.gif Data de acesso: 09.09.09

Hope, A e Timmel, S (1995), Training for Transformation: A Handbook for Community Workers (Manual para os Trabalhadores Comunitários), Livro II. Mambo Press.

Human Development Report (2006) Beyond scarcity: Poder, pobreza e a crise mundial da água. Programa das Nações Unidas para o Desenvolvimento, Nova Iorque, EUA.

Jackson B. et al.,(2005) AfricaSan East Regional Meeting on Sanitation and Hygiene, Addis Ababa, Ethiopia, 1-3 de Fevereiro de 2005 página.8. Resumo da Reunião: Volume 1.

Jackson, B. et al., (eds) (2005) AfricaSan East Regional Meeting on Sanitation and Higiene. Addis Abeba, Etiópia

Jenkins, J (1981) Materials for Learning: Como Ensinar Adultos à Distância, Routledge e Kegan Paul. Londres, Boston e Henley.

Mara, D. et al (2007), Selection of sustainable sanitation arrangements. Política da Água 9 (2007) 305-318. Publicação da IWA.

McGivney.V (2000) Trabalhar com grupos excluídos: Orientação sobre boas práticas

para
fornecedores e decisores políticos no trabalho com grupos subrepresentados na educação de adultos. O Instituto Nacional de Educação Contínua de Adultos, Inglaterra e País de Gales.

Mendel, P. et al., (2007), Interventions in Organisational and Community Context: Um Quadro para Construir a Confiança na Disseminação da Investigação em Serviços de Saúde. Springer Science + Business Media, LLC.

Mwamwenda T.S, (1995) Education Psychology; An African Perspective. Butterworth, Durban, 2ª Edição.

Nakaayi, F. (2008) O surto de cólera mata três em Kampala
http://www.newvision.co.ug/D/8/13/651601 . Data de acesso: 14º. Abril, 2009.

Naidoo, N et al., (2007) A eficácia do saneamento
programas de sensibilização e educação em assentamentos informais. Relatório da Comissão da Água, Março (1523/1/07) pp. i-xv, 1-103; 2007

OCDE (2009) Lista de controlo para a acção pública. Participação do Sector Privado em Infra-estruturas de Água. pp.122-3

Ogden, J. (2000) Health Psychology, A text book. Buckingham. Philadelphia. Aberto Imprensa universitária. Segunda Edição

Ogden, J. (2004) Health Psychology, Open University Press, McGraw-Hill Education, Berkshire, Inglaterra. Terceira edição.

Outlaw et al., (2007): Oportunidades para o Marketing de Saneamento
no Uganda. USAID/Hygiene Improvement Project (Projecto de Melhoramento USAID/Hygiene). Washington, DC. EUA.

Pernia E.M e Alabastro S.L.F, (1997) Aspectos de Água e Saneamento Urbano em o Contexto para a Urbanização Rápida na Ásia em Desenvolvimento. Banco Asiático de Desenvolvimento, Centro de Recursos Económicos e de Desenvolvimento. Documento Económico do Pessoal Número 56.

Samol, F. et al, (2005): Improvement of Sanitation and Solid Waste Management in Urban Poor Settlements, GTZ, Eschborn. Disponível em linha: (http://www.gtz.de/en/themen/umwelt-infrastruktur/abfall/4991.htm) Data de acesso: 14.04.2009.

Simpson-Herbert, M e Wood S, eds. (1998) Promoção do Saneamento. Genebra, Mundo

Organização de Saúde/Conselho Colaborativo de Abastecimento de Água e Saneamento (Grupo de Trabalho sobre Promoção do Saneamento) (documento não publicado WHO/EOS/98.5). p.113].

Sunday Vision (2009) Crescimento das vendas de marijuana na cidade. http://www.sundayvision.co.ug/detail.php?mainNewsCategoryId=7&news CategoryId=132&newsId=698953. Data de acesso 27·10.2009

Relatório sobre Sistemas de Saneamento Sustentável e Renovação de Água (2008) Social Marketing of Improved Sanitation and Efficient Utilisation of Ecological Sanitation Products in Urban/Peri-urban areas (não publicado).

Tayler, K. et al (2000), Strategic Planning for Municipal Sanitation. GHK Research and Training, Londres.

A República do Uganda: Ministry of Water, Lands and Environment (1999), A National Water Policy.

A República do Uganda (2008) Estratégia decenal de Saneamento Ecológico 2009 2018

Travers, R.M.W, (1967) Essentials of Learning: Uma Visão Geral para os Estudantes de Educação. The Macmillan Company, NewYork. Collier-Macmillan Limited, Londres. 2ª Edição

Warner, W.S et al., (2000) Cultural Influences that affect the acceptance of compost toilets: psychology, religion and gender. On line [http://www.gtz.de/ecosan/download/Warner-cultural-influence- acceptance.pdf] Data de acesso. 23.04.2009

Wegelin- Schuringa, M (2000) Public Awareness and Mobilisation for Eco-saneamento, IRC International Water and Sanitation Centre. Artigo para apresentação no Simpósio Internacional sobre Saneamento Ecológico, Bonn, Alemanha.

OMS e UNICEF (2000) Global water supply and sanitation assessment report.
Em linha
[http://www.who.int/entity/water_sanitation_health/monitoring/jmp2000.pd f] Data de acesso 19.05.2009

OMS e UNICEF, JMP (2004). Cumprir os ODM - água potável e saneamento objectivo: uma avaliação intercalar do progresso. On line [http://www.who.int/water_sanitation_health/monitoring/jmp2004/en/print. html] Data de acesso 19.05.2009

OMS e UNICEF, JMP (2008). Progresso em Água Potável e Saneamento: Foco especial em Saneamento. UNICEF, Nova Iorque e OMS, Genebra.

Banco Mundial (2008) Implementation Completion Completion and Results Report on

the Rural
Projecto de Abastecimento de Água e Saneamento na República Unida da Tanzânia.
Relatório nº: IRC0000730.
http://www.wds.worldbank.org/external/default/WDSContentServer/WDS
P/IB/2009/02/02/000333038 20090202005249/Rendered/PDF/ICR0000
7300ICR101officialOuse0only1.pdf

www.kcc.go.ug/documents/media e publicações/Central Division.doc Online
Data de acesso 10.05.2009

WSSCC (2001) Working Group on Promotion of Sanitation (Grupo de Trabalho sobre Promoção do Saneamento).

WSSCC (2007) Saneamento e Higiene: Abordagens para o Desenvolvimento Sustentável.
Disponível em linha   :
http://www.wsscc.org/en/events/washparticipation/worldwaterweek2007/
sanitation-and-hygiene-approaches-for-sustainable- development/index.htm.
Data de acesso: 12-10-2009

Zorba F, S (1997) Managing Editor, Worm Digest, Eugene, Oregon USA. Editado por OMS com permissão de Zorba Frankel, S. pp.161].

APÊNDICES

Appendix 1: Questionário

Olá, o meu nome é Gerald Ahabwe. Estou a fazer um estudo sobre o Impacto da Educação Comunitária na Sustentabilidade dos Projectos de Saneamento nos bairros de lata do Uganda: um estudo de caso da paróquia Kisenyi II na Divisão Central de Kampala.

Valorizo a sua opinião, e esta será mantida confidencial.
Está disposto a participar?

Nome do entrevistador: Número do questionário:

QUESTÕES GERAIS

1. Tem feito alguma contribuição comunitária em algum projecto de saneamento desde 2004? Sim (1) Não (2) **Se não, salte Qn 2 e 3.**

2. Que contribuição(ões) comunitária(s) fez?

3. Em que projecto de saneamento deu a(s) contribuição(ões) comunitária(s)?

KUSP (1)   NWSC (2)   **Outros**

Especificar _______________________________

4. O projecto organizou algum seminário de sensibilização da comunidade para promover a sustentabilidade?

Muito frequentemente (1)	Frequentemente (2)	Menos frequentemente (3)	De modo algum (4)
3-5 vezes por mês	2-3 vezes por mês	Uma vez por mês	0 vezes num mês

5. Se o projecto teve alguma campanha de educação comunitária, houve algum envolvimento do PDC?

Muito frequentemente (1)	Frequentemente (2)	Menos frequentemente (3)	De modo algum (4)

3-5 vezes por mês	2-3 vezes por mês	Uma vez por mês	0 vezes num mês

6. Indicar até que ponto concorda com cada uma das declarações sobre a importância da educação comunitária utilizando a escala abaixo.

discordar	discordar um pouco	concordar	concordo
1	2	3	4

	1	2	3	4
6.1 A educação comunitária promove mudanças comportamentais nos hábitos de higiene				
6.2 A educação comunitária promove a aceitabilidade de projectos de saneamento				
6.3 A educação comunitária promove a utilização correcta das instalações sanitárias				
6.4 A educação comunitária promove a replicação espontânea das instalações sanitárias do projecto por comunidades e indivíduos externos.				
6.5 A educação comunitária acaba por promover a O&M sustentável das instalações sanitárias do projecto				
6.6 A educação comunitária promove as contribuições dos beneficiários para a construção e manutenção das instalações sanitárias do projecto.				

PERGUNTAS ESPECÍFICAS PARA OS BENEFICIÁRIOS

7. Sob que projecto foi construída a sua instalação sanitária? KUSP (1) NWSC (2)
Outros; especificar______________________________

8. Assistiu a algum programa de sensibilização da comunidade? Sim (1) Não (2)
Em caso afirmativo, **qual?**
um(s) ____

9. Quem foram os implementadores do(s) programa(s) de sensibilização comunitária(s)
Pessoal do projecto (1) PDC (2)

10. Você ou algum membro da sua família alguma vez sofreu de alguma doença

relacionada com o saneamento, tal como cólera e diarreia? Sim (1) Não (2), **Em caso afirmativo, com que frequência?**

Muito frequentemente (1)	Frequentemente (2)	Menos frequentemente (3)	Muito menos frequentemente (4)
2 vezes por ano	Uma vez por ano	Uma vez em 2 anos	Uma vez em 5 anos

11. Como classifica o seu nível de susceptibilidade às doenças relacionadas com o saneamento?

□Very alto (1) DHigh(2) □ baixo (3) DVery baixo (4)

12. Como classificaria a gravidade das doenças relacionadas com o saneamento na sua comunidade?

□Very alto (1   )□ alto^   )□ baixo (3   )□Very baixo (4)

13. De acordo com a prioridade das suas necessidades, como classifica a sua necessidade de melhor saneamento?

□Very alto (1)^Alto (2) □ baixo (3   )□Very baixo (4)

14. Avaliar os seguintes itens, mostrando a resposta apropriada com base na escala abaixo.

Discordar	De algum modo concordo	Concorda	Concordo plenamente	Discordar fortemente
1	2	3	4	5

	1	2	3	4
14.1 Não me considero susceptível aos riscos de mau saneamento				
14.2 Não creio que o mau saneamento seja um problema grave				
14.3 Não tenho medo de más condições sanitárias; estou habituado a isso				
14.4 Os custos de construção de uma instalação de saneamento decente são muito elevados				
14.5 Desisti de um melhor saneamento. Não tenho escolha				
14.6 Os benefícios da construção de uma sanita decente são muito baixos				

15. Uma vez que o projecto contribuiu para a criação da instalação; compreende agora a importância de ter uma instalação de saneamento melhorada?

Muito (1) Muito (2) Pouco (3) Nada (4)

16. Utiliza consistentemente a instalação sanitária que o projecto construiu para

si? Sim (1) Não (2). **Se não, quais são as razões?**__________________

17. Pensa que o PDC está a desempenhar o seu papel de promoção de boas práticas sanitárias na sua comunidade, tais como a eliminação segura de fezes? Sim (1) Não (2) Não sei (3)

18. O PDC utiliza algum tipo de recompensa para promover um melhor saneamento na sua comunidade? Sim (1) Não (2) Não sabe (3) **Se sim, especifique**

19. O PDC utiliza algum tipo de reprimendas para impor um melhor saneamento na sua comunidade? Sim (1) Não (2) Não sabe (3) **Se sim, especifique**

20. Fez alguma contribuição durante a construção do projecto da sua instalação sanitária? Sim (1) Não (2), **Em caso afirmativo, quantifique as suas contribuições:** Abaixo de 1 Milhão UGX (1) Entre 1-2 Milhões UGX (2) Entre 2-3 Milhões UGX (3) Acima de 3 Milhões (4)

21. Conhece alguma pessoa que tenha reproduzido o tipo de sanitários do projecto por conta própria nas suas casas após o encerramento do projecto? Sim (1) Não (2) **Se sim, quantas?** ____________

22. Convenceu com sucesso algum vizinho/amigo a utilizar as instalações sanitárias? Sim (1) Não (2) **Se não, porquê**________________________

23. Averagamente, poderia dizer-me quanto gasta na O&M da sua instalação sanitária por mês? Abaixo de 10,000 UGX (1) Entre 10,000 & 30,000 UGX (2) Entre 30,000 & 50,000 UGX (3) Acima de 50,000 UGX (4)

PERGUNTAS ESPECÍFICAS ÀS ORGANIZAÇÕES DE IMPLEMENTAÇÃO DE PROJECTOS

24. Fez um acompanhamento na comunidade para avaliar o estado das instalações sanitárias que construiu? Sim (1) Não (2) Em caso afirmativo, como avalia o seu estado até agora? Muito limpo (1) Limpo (2) Bastante limpo (3) Sujo (4)

25. Fez alguma avaliação de impacto para descobrir se algumas pessoas duplicaram o seu estilo de sanitários usando os seus próprios recursos e por sua própria iniciativa? Sim (1) Não (2)

26. Em caso afirmativo, quais foram as suas conclusões sobre a avaliação de impacto?____

27. Qual foi a sua satisfação com o nível de contribuição dos beneficiários para a construção das instalações sanitárias do projecto? Muito satisfeito (1) Satisfeito (2) Bastante satisfeito (3) Insatisfeito (4) Muito insatisfeito (5)

Muito obrigado pelo vosso tempo e cooperação!

Appendix 2: Hipóteses 1 Qui Quadrado tabelas de teste

Programa de sensibilização * Utilizar de forma consistente as instalações sanitárias do projecto Tabulação cruzada				
		Conde		
		Utilizar de forma consistente as instalações sanitárias do		Total
		Sim	Não	
Programa de	Sim	41	2	43
consciencializaçã	Não	28	19	47
Total		69	21	90

Testes Qui-Quadrado

	Valor	df	Asymp. Sig. (2 lados)	Sig. exacto. (2 lados)	Sig. exacto. (1 lado)

Pearson Chi-Square	16.065a	1	.000		
Correcção de Continuidadeb	14.128	1	.000		
Rácio de Probabilidade	18.190	1	.000		
Teste Exacto de Fisher				.000	.000
Linear por Linear Associação	15.887	1	.000		
N de casos válidos	90				

a. 0 células (.0%) esperavam contar menos de 5. A contagem mínima esperada é de 10,03.
b. Calculado apenas para uma tabela 2x2

Medidas simétricas

	Valor	Sig. aproximada.
Nominalby Phi	.422	.000
NominalCramer 's V	.422	.000
N de casos válidos	90	

Appendix 3: Tabulação cruzada do programa de Sensibilização e Consistência na utilização das instalações sanitárias melhoradas

		Utilizar de forma consistente as instalações		Total
		Sim	Não	
AwarenessYes programa%	Count	41	2	43
	dentro da Awareness programa	95.3%	4.7%	100.0%
	Sem Contagem	28	19	47
	% dentro do programa Awareness	59.6%	40.4%	100.0%
TotalCount		69	21	90
	% dentro do programa Awareness	76.7%	23.3%	100.0%

Appendix 4: Tabulação cruzada do programa de sensibilização e percepção da susceptibilidade a doenças relacionadas com o saneamento

	Susceptibilidade a doenças relacionadas com o				Total
	Muito alto	Alto	Baixo	Muito baixo	
Consciência Sim Programa de contagem% dentro da Consciência programa	7 16.3%	30 69.8%	4 9.3%	2 4.7%	43 100.0%
Sem Contagem % dentro do programa Awareness	9 19.1%	15 31.9%	18 38.3%	5 10.6%	47 100.0%
TotalCount % dentro do programa Awareness	16 17.8%	45 50.0%	22 24.4%	7 7.8%	90 100.0%

Appendix 5: Apuramento cruzado do programa de Sensibilização e percepção da gravidade das doenças relacionadas com o saneamento

	Severidade das doenças relacionadas com o				Total
	Muito alto	Alto	Baixo	Muito baixo	
Consciência Sim Programa de contagem% dentro da Consciência programa	5 11.9%	35 83.3%	2 4.8%	0 .0%	42 100.0%
Sem Contagem % dentro do programa Awareness	9 19.1%	22 46.8%	14 29.8%	2 4.3%	47 100.0%
TotalCount	14	57	16	2	89

	Severidade das doenças relacionadas com o				Total
	Muito alto	Alto	Baixo	Muito baixo	
Consciência Sim Programa de contagem% dentro da Consciência programa	5	35	2	0	42
	11.9%	83.3%	4.8%	.0%	100.0%
Sem Contagem	9	22	14	2	47
% dentro do programa Awareness	19.1%	46.8%	29.8%	4.3%	100.0%
Conde	14	57	16	2	89
% dentro do programa Awareness	15.7%	64.0%	18.0%	2.2%	100.0%

Appendix 6:   Hipótese 2 Fisher- Freeman- tabelas de teste de Halton

Utilizar de forma consistente as instalações * Principais implementadores
comunitários de educação Tabulação cruzada

Conde		Principais implementadores comunitários de educação		Total
		Pessoal do Projecto	PDC	
Utilizar de forma consistente as instalações	Sim	14	37	51
		63.6%	94.9%	
	Não	8	2	10
		36.4%	5.1%	
Total		22	39	61

Testes Qui-Quadrado

	Valor	df	Asymp. Sig. (2 lados)	Sig. exacto. (2 lados)	Sig. exacto. (1 lado)
Pearson Chi-Square	10.012a	1	.002		
Correcção de Continuidade	7.863	1	.005		
Rácio de Probabilidade	9.810	1	.002		
Teste Exacto de Fisher				.003	.003
Linear por Linear Associação	9.848	1	.002		
N de casos válidos	61				

a. 1 células (25,0%) espera-se que contem menos de 5. A contagem mínima esperada é de 3,61.

b. Calculado apenas para uma tabela 2x2

Medidas simétricas

		Valor	Sig. aproximada.
por NominalCoefficient	Contingência Nominal Contingência	.375	.002
N de casos válidos		61	

Apêndice 7: Hipóteses 3 Quadros de Teste Qui-Quadrado.

Testes Qui-Quadrado

	Valor	df	Asymp. Sig. (2 lados)	Sig. exacto. (2 lados)	Exacto Sig. (1 lateral)
Pearson Chi-Square	18.585a	1	.000		
Correcção de Continuidade	16.446	1	.000		
Rácio de Probabilidade	19.824	1	.000		
Teste Exacto de Fisher				.000	.000
Linear por Linear Associação	18.350	1	.000		
N de casos válidos	79				

a. 0 células (.0%) espera-se que contem menos de 5. A contagem mínima esperada é de 9,57.

b. Calculado apenas para uma tabela 2x2

Medidas simétricas

	Valor	Sig. aproximada.
Nominal porPhi	.485	.000
NominalCramer's V	.485	.000
N de casos válidos	79	

Appendix 8:   Programa de sensibilização * Quantidade de contribuições Apuramento cruzado

		Quantidade de contribuições				Total
		Abaixo de 1 Milhão UGX	Btn 1-2 Milhões UGX	Btn 2-3Milhões UGX	Acima de 3Milhões UGX	
Awarene Sim Contar ss%		5	2	2	32	
dentro programAwareness programa		12.2%	4.9%	4.9%	78.0%	100.0%
Sem Contagem		26	3	2	7	
% dentro do programa		68.4%	7.9%	5.3%	18.4%	100.0%
TotalCount		31	5	4	39	
% dentro do programa		39.2%	6.3%	5.1%	49.4%	100.0%

Appendix 9:   Mapa do Uganda mostrando a localização da cidade de Kampala

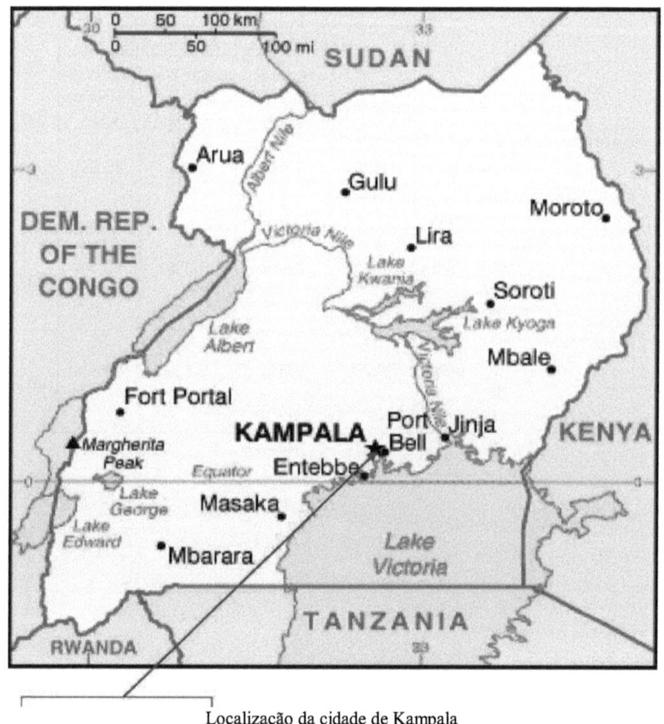

Localização da cidade de Kampala

Fonte: http://www.geographyiq.com/images/ug/Uganda_map.gif Data de acesso:
09.09.09

Printed by Books on Demand GmbH, Norderstedt / Germany